Monika Wurft

Mein Wild kräuter buch

{ 30 essbare Pflanzen entdecken, sammeln & genießen

Das steckt im Buch

Mein Weg zu den Wildkräutern

Wildkräuter sind für mich zum Wegbegleiter geworden. Sie wachsen in unseren Gärten, auf unseren Wiesen und begegnen uns in der Natur auf Schritt und Tritt. Mein Großvater brachte Waldmeister mit nach Hause und hatte seine geheimen Bärlauch-Plätze. Meine Mutter bereitete einen „Rund-ums-Haus-Salat" von der Wiese zu. Das Johanniskrautöl meiner Großmutter stand immer griffbereit in unserer Hausapotheke. Und trotzdem waren in meiner Kindheit Gartenarbeiten wie das Jäten im Hausgarten mit mehr Frust als Lust verbunden.

Als ich dann meinen eigenen Garten bewirtschaftete und bemerkte, wie gut diese sogenannten „Unkräuter" für die Ernährung und als Heilpflanze genutzt werden können, wandelte sich meine Einstellung zu ihnen völlig. Heute dürfen Giersch und Gundermann wachsen und blühen und die Brennnessel wird genauso gebraucht wie der Löwenzahn. Sie sehen schön aus, liefern Nahrung für Insekten und bieten uns so viel. Man braucht nur zuzugreifen und aus Frust wird endlich Lust!

Mit diesem Buch möchte ich Sie für diese Wildkräuter begeistern. Ich stelle ihnen 30 Wildpflanzen, die häufig zu finden sind, detailliert vor. Das Besondere an diesem Buch ist, dass Sie zu jeder Pflanze sehr viele Informationen in der Hand halten und nicht mehrere Quellen befragen müssen. Meine eigenen Fotos begleiten diese Mischung aus Pflanzenbestimmung, Heilpflanzenwissen, Geschichten und Tipps rund um Wildpflanzen einschließlich kulinarischer Verwendung sowie Natur- und Gartentipps. Wichtig sind mir die praktischen Hinweise zur Ernte und die leicht

umsetzbaren Rezepte und Ideen. Es soll für Sie ganz leicht sein, die Wildkräuter
für sich zu nutzen.

Als Hauswirtschaftsleiterin interessiere ich mich schon berufsbedingt für gesunde
Nahrungsmittel und ihre wertvollen Inhaltsstoffe. Die Qualifizierung zur Kräuterpädago-
gin brachte mich den heimischen Wildpflanzen noch näher. Darüber hinaus arbeite ich
als Schwarzwald-Guide und fühle ich mich in der Region verwurzelt.

Viele interessante Begegnungen mit Menschen bei meinen Kräuterführungen, Wild-
kräuterkochkursen, Kräuterseminaren und Vorträgen haben mich schon 2012 veranlasst,
das Buch „Wildkräuter als Wegbegleiter" zunächst mit 14 Pflanzen im Eigenverlag her-
auszubringen. Das Interesse war sehr groß, und der Verlag Eugen Ulmer hat mir bei einer
Begegnung an einem meiner Wildkrävervorträge Mut gemacht: Darum habe ich mich
dazu entschlossen, dieses neue Buch mit 30 Wildpflanzenarten auf den Weg zu bringen.
Bedanken möchte ich mich bei allen, die mich dabei unterstützt haben: Bei meiner
Familie, ganz lieben Kolleginnen, den Teilnehmerinnen und Teilnehmern meiner Kräuter-
veranstaltungen und besonders bei Ina Vetter vom Verlag Eugen Ulmer.

Ich wünsche Ihnen viel Freude mit den Wildkräutern als Wegbegleiter!

Ihre Monika Wurft

Tipps und Tricks zu Wildkräutern

Bewusst habe ich für dieses Buch 30 häufig vorkommende Wildpflanzen ausgewählt, die Sie mit Sicherheit einfach entdecken können. Damit Sie sich gut zurechtfinden, sowohl im Buch als auch bei der Suche nach Wildkräutern in der Natur, habe ich hier einige praktische Informationen für Sie zusammengestellt.

Die 30 Wildpflanzen in diesem Buch sind nach Blütenfarben, von Weiß über Gelb und Rosa / Violett / Blau bis Grün / Braun und innerhalb einer Blütenfarbe nach ihrem Erscheinen vom frühen Frühjahr bis zum späteren Sommer sortiert. Auch die Wildfrüchte, ob rot oder schwarz, habe ich nach den Farben ihrer Blüten eingeordnet.

Die Rezepte bestehen ganz bewusst aus regionalen Zutaten und sind leicht nachzumachen. Sie lassen sich aber auch gut variieren und sollen Ihnen Raum für Kreativität geben. Mein Tipp: Versuchen Sie, Ihre familieneigenen Lieblingsrezepte mit Wildkräutern zu erweitern – das bringt ganz neue Geschmackserlebnisse.

Wo erntet man am besten?

Am einfachsten ist es natürlich, wenn Sie die Wildkräuter in Ihrem direkten Wohnumfeld sammeln können: Rund ums Haus oder im eigenen Garten. Dazu gibt es bei den einzelnen Pflanzenporträts spezielle Natur- und Gartentipps. Falls das nicht möglich ist, können Sie sich in der Umgebung umschauen. Auf Wiesen und an Waldrändern werden Sie viele Arten finden – achten Sie darauf, dass Sie nicht an Hundestrecken oder in der Nähe gespritzter Felder ernten. Manche Wiesen werden extensiv genutzt, also nicht gedüngt oder beweidet, um sie als Freifläche zu erhalten – hier gibt es eine größere Artenvielfalt. Hören Sie sich um, fragen Sie bei den Gemeinden, bei Obst- und Gartenbauvereinen und bei Landwirten und Förstern nach – oder gehen Sie einfach auf Wanderschaft und entdecken sie die besten Plätze für sich.

Sommerliche Kräuter-
ernte: Die Schafgarbe
lädt ein.

Was kann geerntet werden?

Ernten Sie nur, was Sie sicher erkennen. Wenn Sie bei der Bestimmung unsicher sind, fragen Sie jemanden, der sich auskennt, verwenden Sie ein gutes Bestimmungsbuch oder, noch besser, schließen Sie sich einer Kräuterführung an.

Die in diesem Kräuterbuch beschriebenen Pflanzen sind häufig und stehen nicht unter Naturschutz. Trotzdem ist nachhaltiges Ernten wichtig, um die Bestände zu schonen.

Wie ernte ich nachhaltig?

Ernten Sie nur, was Sie für ihren Eigenbedarf brauchen. Lassen Sie jeder Pflanze immer genügend Reserven, um ihr weiteres Wachstum und ihre Vermehrung nicht zu stören. Graben sie aus diesem Grund auch keine Pflanzen mit Wurzeln aus, sondern beschränken sie sich gerade bei der Wurzelernte auf Pflanzen in Ihrem Garten. Löwenzahnwurzeln, wie später in einem traditionellen Rezept beschrieben, können in Ihrem Garten sicher zur Genüge

So werden Kräuter
zum Teegenuss.

geerntet werden. Andere Pflanzen, die Sie für die Wurzelernte nutzen wollen, pflanzen Sie am besten gezielt an, wie zum Beispiel die Wegwarte. Schlagen Sie Ihre Kräuterernte zum Heimtransport in feuchte Tücher ein, damit sie frisch bleibt. Transportiert wird sie am besten luftig in Stoffbeuteln oder in einem Korb, nicht in Plastiktüten.

Der beste Erntezeitpunkt

Weil einige Arten sogar im Winter vorhanden sind, können Sie frische Wildkräuter das ganze Jahr über sammeln. Zur Blütezeit haben duftende Kräuter wie Dost und Gundermann über Mittag den höchsten Gehalt an ätherischen Ölen, denn durch das Verdunsten dieser Stoffe entsteht Kälte, die die Pflanzen vor Überhitzung schützt. Achten Sie bei der Ernte auf einen hohen Gehalt an Inhaltsstoffen, vor allem wenn Sie die Pflanzen für den Wintervorrat trocknen wollen. Nach längeren Regenperioden warten Sie einfach einige Tage Sonnenschein ab, da die Produktion von Wirkstoffen in der Pflanze erst wieder hochgefahren werden muss.

Das Trocknen

Gut und sicher trocknen Sie Ihre Pflanzen drinnen. Direkte Sonneneinstrahlung ist zu intensiv, das Trockenmaterial würde innerhalb kurzer Zeit schwarz und unbrauchbar werden. Legen sie die Kräuter locker und von unten belüftet aus. Die

Blätter werden von den Stängeln gestreift, aber ganz gelassen. Das sichert einen schnellen Trocknungsprozess und verhindert einen Rückfluss der Inhaltsstoffe in die Stängel. Details zu den einzeln Pflanzen finden Sie unter der Rubrik Ernten.

Tee herstellen

Die Rezepte in diesem Buch beziehen sich vorwiegend auf die getrockneten Pflanzenteile, da sie oft über einen längeren Zeitraum oder im Winter gebraucht werden. Wenn Sie die Pflanzen im frischen Zustand direkt verwenden, empfiehlt sich meist die doppelte Menge. Genaue Angaben zur Teeherstellung finden Sie bei den jeweiligen Wildkräutern.

FÜR EINEN VOLLENDETEN TEEGENUSS werden die getrockneten Kräuter erst kurz vor der Teezubereitung in entsprechender Menge zerkleinert. So bleiben die Inhaltsstoffe so lang wie möglich im Blatt und verflüchtigen sich nicht. Das Teewasser zum Kochen bringen und die Kräuter mit nicht mehr kochendem Wasser übergießen. Da die ätherischen Öle leicht verdampfen, sollte man den Tee immer zugedeckt ziehen lassen, um den am Deckel kondensierten Wasserdampf in den Tee abtropfen zu lassen.

30 Wildkräuter

Von links nach rechts: Haarleiste am
Stängel | behaarte kleine Knospe | 5 Blüten-
blätter, die aussehen wie 10.

HÖHE: 5 bis 10 cm
BLÜTEZEIT: März bis Oktober

SAMMELKALENDER:
GANZE PFLANZE: ganzjährig

Vogelmiere
Stellaria media

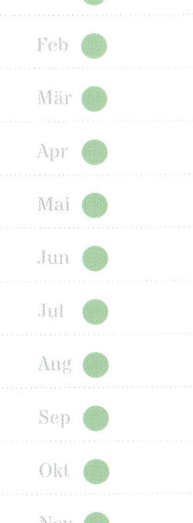

Jan
Feb
Mär
Apr
Mai
Jun
Jul
Aug
Sep
Okt
Nov
Dez

Kleine Pflanzenkunde

Überall ist die anpassungsfähige und
robuste Vogelmiere aus der Familie der
Nelkengewächse (Caryophyllaceae) zu finden. Sie wächst in Gärten und Parks, auf
Äckern und Waldlichtungen, vorzugsweise
auf bearbeiteten, offenen Böden und
besonders gut auf nährstoffreichen Flä-
chen. Von Region zu Region ist sie unter
verschiedenen Namen wie Hühnerdarm,
Hühnermiere, Vogelkraut oder Vogelbiss
bekannt. Wie ein Netz überwächst dieser
stark verästelte Bodendecker ganze Gar-
tenbeete, wenn man ihn lässt.

Gut zu erkennen ist die Vogelmiere
an ihren sattgrünen, eiförmigen Blättchen und den kleinen, leuchtend weißen,
sternförmigen Blüten. Bei einem flüch-
tigen Blick werden meist zehn Blütenblätter gezählt. Wer genau hinschaut
erkennt jedoch, dass es sich nur um fünf
Blütenblätter handelt, die fast bis zum
Grund geteilt sind. Die runden fadenartigen Stängel mit der charakteristischen
Haarleiste strecken sich von der Haupt-

wurzel aus in alle Richtungen. Entlang
der Haarleiste werden Tautropfen zu den
Wurzeln geleitet. Wenn man an den am
Boden liegenden Stängeln zieht, zeigt sich
ihre Zähigkeit – man hat dann gleich die
ganze Wurzel mit in der Hand.

Die Vogelmiere ist ein Archäophyt,
das heißt sie erschloss sich vor 1492
(also vor den Entdeckungsreisen des
Christoph Columbus) durch den Einfluss
des Menschen neue Lebensräume und
dehnte ihr Verbreitungsgebiet aus. Dies
hängt mit dem Beginn des Ackerbaus
zusammen. Neophyten nennt man all die
Pflanzen, die sich nach 1492 ausbreiteten,
wie das Indische Springkraut und der
Japanische Staudenknöterich.

Was steckt drin?

Gut zu wissen, dass die Vogelmiere
wesentlich mehr Kalzium, Kalium, Mag-
nesium und Eisen enthält als Kopfsalat,
ein willkommener Vitamin-A, -C- und
-B-Lieferant ist und darüber hinaus Saponine, Schleimstoffe, Flavonoide, Kiesel-

Vogelmiere wächst als
Bodendecker.

Natur- und Gartentipp

Die widerstandsfähige Vogelmiere findet man fast in
jedem Garten. Sie breitet sich wie von Zauberhand aus
und lässt sich auch von Minusgraden und einer Schnee-
decke nicht abschrecken. Viele kennen sie nur als Vogel-
futter für Käfigvögel. Zu neuem Glanz erstrahlt sie aber,
wenn man bedenkt, dass mit ihr ein gesundes Wildkraut
ganzjährig zur Verfügung steht. Als essbare Mulchdecke
im Garten schlägt sie zwei Fliegen mit einer Klappe, da
sie den Boden vor Austrocknung im Sommer und starker
Kälteeinwirkung im Winter schützt. Auch als besonderer
Unterbewuchs in Blumentrögen leistet sie gute Dienste.
Zudem ist sie mit ihren vielen Kapselfrüchten eine
ergiebige Futterquelle für Wildvögel.

säure und Gamma-Linolensäure bietet. In
der Volksheilkunde wird die Vogelmiere
wegen ihrer verdauungsfördernden, harn-
treibenden und schleimlösenden Wirkung
unter anderem bei Husten, Verdauungsbeschwerden und Blasenproblemen
eingesetzt. Äußerlich kommt Vogelmie-
retee als Umschlag oder Waschung bei
Verbrennungen, Hautentzündungen und
Wunden zum Einsatz, weil er kühlend,
entzündungshemmend und juckreizlin-
dernd wirkt.

ZUR TEEHERSTELLUNG 2 TL frische
Vogelmiere mit ¼ l kochendem Wasser
übergießen, 5–10 Minuten ziehen lassen,
abseihen und 2-mal täglich 1 Tasse warm
trinken. Bei Husten ist eine Kombination
mit Spitzwegerichblättern empfehlenswert.

Ernten

Vogelmiere kommt oft in flächendecken-
den Beständen vor. Meist sind mehrere
Pflanzen miteinander verwachsen und

man erntet sie am besten in ganzen
Büscheln. Da sich die Wurzel leicht mit
herausziehen lässt, verwenden Sie zur
Schonung der Bestände besser eine
Schere.

Kulinarisch

Vogelmiere erinnert mit ihrem mild-
würzigen Geschmack an rohe Maiskolben.
Sie setzt Akzente in Spinat, Suppen,
Gemüsegerichten, „Grünen Brötchen"
(siehe unten), Kräuterbutter, Pfannkuchen
(siehe Bärlauch), Pestos und Smoothies.
Für die Kräuterküche werden die abge-
schnittenen Büschel komplett verwendet
und kreuz und quer klein geschnitten.

Grüne Brötchen

**2 Handvoll Vogelmiere, ¼ l Buttermilch
oder Milch, 500 g Mehl, 20 g Hefe,
100 g Butter, Salz**
Vogelmiere waschen, klein schneiden und
in der Milch pürieren. Diese Milch mit den

Grüne Brötchen

übrigen Zutaten zu einem geschmeidigen Teig verkneten. Kleine Brötchen formen, mit dem Messer einschneiden und auf ein mit Backpapier belegtes Backblech setzten. 20 Minuten gehen lassen. Dann bei 200 °C etwa 20–25 Minuten im Backofen backen.

TIPP: Die Brötchen vor dem Backen mit Wasser bepinseln und mit zerstoßenen Samen von Knoblauchsrauke, Sauerampfer oder Giersch bestreuen.

Kartoffelgratin „Wiesenglück"

2 Handvoll Wildkräuter wie Vogelmiere, Brennnessel, Sauerampfer, Löwenzahn oder Schafgarbe, 500 g Kartoffeln, 1 Zwiebel, 1 Knoblauchzehe, Salz, Pfeffer, Muskatnuss, Butterflöckchen
FÜR DEN GUSS: 2 Eier, 1 Becher saure Sahne, Salz, Pfeffer, 80 g geriebener Käse

Kartoffeln schälen, in dünne Scheiben schneiden und würzen. Wildkräuter verlesen, waschen und fein hacken. Zwiebel und Knoblauchzehe schälen, ebenfalls fein hacken. Alle Zutaten schichtweise in eine gefettete Auflaufform legen. Für den Guss Eier, Sahne und Gewürze miteinander verrühren und über die Kartoffelmischung gießen. Die Butterflöckchen darauf verteilen und bei 200 °C im Backofen 40 Minuten backen. Den Käse kurz vor Ende der Garzeit über das Gratin streuen und dieses fertigbacken.

TIPP: Dazu passt ein Wildkräutersalat (siehe Königskerze, Seite 95) sehr gut.

Von links nach rechts: Blattrosette
mit Blütenknospen | unpaarig gefiederte
Blätter | Blüten mit 4 Blütenblättern | Blüten
und „Schleuderschoten"

> **HÖHE:** 5 bis 25 cm
> **BLÜTEZEIT:** März bis Juni
>
> **SAMMELKALENDER:**
> **GANZE PFLANZE:** September
> bis Mai

Garten-Schaumkraut

Cardamine hirsuta

Kleine Pflanzenkunde

Mit dem schmackhaften Garten-Schaumkraut, auch Viermänniges, Vielstängeliges oder Behaartes Schaumkraut genannt, wird die Wildkräuterküche vom Herbst bis in den Frühling bereichert. Besonders im zeitigen Frühjahr fällt es auf dem Acker-salat-Beet ins Auge. Mit einer Größe von 5–15 cm überziehen die kleinen Rosetten schnell den ganzen Garten. Vom Aussehen her erinnert es an Brunnenkresse im Klein-format. Jedes Blatt ist unpaarig gefiedert, das heißt, es setzt sich aus sechs bis acht Einzelblättchen zusammen und schließt am Ende mit einem größeren Einzelblatt ab. Aus der Mitte der Rosette sprießt ein kleiner Blütenstängel, der zahlreiche Blüten mit vier über Kreuz angeordneten, weißen Blütenblättern trägt. Auffallend sind die reifen Samen, die bei Berührung aus ihren Schoten geschleudert werden, um sich so neue Standorte zu erschließen.

Das Garten-Schaumkraut gehört mit seinem kresseartigen Geschmack zur Familie der Kreuzblütler (Brassicaceae) und ist mit Knoblauchsrauke (*Alliaria petiolata*), Wiesen-Schaumkraut (*Cardamine pratensis*) und Brunnenkresse (*Nasturtium officinale*) eng verwandt. Seit den 1960er Jahren macht es sich überall auf offenen Böden breit. Erfahrene Gärtner sind sich einig: „Diese Pflänzchen gab es früher nicht in unseren Gärten!" Es liegt die Vermutung nahe, dass es durch Versand-gärtnereien und Baumschulen ungewollt verbreitet wurde, wobei ihm der zuneh-mende Stickstoffeintrag in unsere Böden zugutekommt.

Wer das Garten-Schaumkraut bisher als Unkraut betrachtet hat, kann sich entspannt zurücklehnen und den Dingen seinen Lauf lassen. Auszupfen und aufes-sen ist die Devise! Wer es bisher gar nicht weiter beachtet hat, bekommt vielleicht Lust darauf, zu ernten ohne zu säen.

Was steckt drin?

In der Volksheilkunde wird Garten-Schaumkraut ähnlich wie Brunnenkresse und Wiesen-Schaumkraut verwendet. Es

Jan ●
Feb ●
Mär ●
Apr ●
Mai ●
Jun
Jul
Aug
Sep ●
Okt ●
Nov ●
Dez ●

Üppig blühendes Garten-Schaumkraut

Natur- und Gartentipp

Beinahe in jedem Garten macht sich das Garten-Schaumkraut breit. Nicht nur im zeitigen Frühjahr, sondern auch im Herbst kann es fast nahtlos bis in die nächste Kräutersaison geerntet werden. Es wird schnell zum „Lieblings-Unkraut", wenn man bedenkt, dass diese leckere und gesunde Bereicherung des Speiseplans ganz von selbst heranwächst. Ein Loblied auch den Senfölglykosiden, denn sie schmecken Schnecken nicht! Werden mit zunehmender Bodenwärme viele ausgesäte oder angepflanzte Nutzpflanzen von gefräßigen Schnecken niedergemacht, bleibt das Garten-Schaumkraut verschont.

enthält wie diese Senfölglykoside, die für seinen leicht scharfen Geschmack zuständig sind. Durch seine Scharfstoffe, Bitterstoffe, Mineralstoffe und viel Vitamin C ist das schmackhafte Garten-Schaumkraut eine gesunde Bereicherung des Speiseplans und gleichzeitig zur Anregung der Verdauung, bei rheumatischen Beschwerden, Krankheiten der Atemwege und zur Stimulierung des Immunsystems wertvoll. Nicht von ungefähr entwickelt man gerade im zeitigen Frühjahr einen regelrechten Heißhunger auf etwas Grünes und Scharfes, dem man unbedingt nachgeben sollte.

Ernten

Zur Ernte werden die jungen zarten Rosetten mit dem Messer, wie man es von der Ackersalat-Ernte her kennt, abgeschnitten. Bleiben die Wurzeln im Boden, wachsen die Pflanzen rasch wieder nach. Das Garten-Schaumkraut kann im Frühjahr und nochmals im Herbst geerntet werden. Die Knospen- bzw. Blütenstände und

sogar die Blütenstängel – solange sie noch nicht zäh sind – werden mitverwendet.

Kulinarisch

Für die Wildkräuterküche sind senfölhaltige Frühlingskräuter wie das Schaumkraut eine geschmackliche Bereicherung. Garten-Schaumkraut kann mit Ackersalat und anderen Wintersalaten kombiniert werden. Allein oder mit anderen Kräutern gehackt, macht es sich gut als Brotbelag, zu Käse, in Kräuterquark und Kräuterbutter, als Würze in Suppen, Eintöpfen, Pestos, Smoothies und im Kartoffelsalat.

Grüne Smoothies

1 Handvoll erste zarte Wildkräuter wie Garten-Schaumkraut, Vogelmiere, Wiesenknopf, Schafgarbe oder Löwenzahn, ¼ l Fruchtsaft, etwas klein geschnittenes Obst wie z. B. Apfel oder Birne
Die gewaschenen und grob gehackten Kräuter werden mit allen anderen Zutaten

Grüne Smoothies

in einem Mixer so lange gemixt, bis ein cremiger Trunk entstanden ist.

TIPP: Dieses Rezept kann mit Kräutern, Obst und Beeren je nach Jahreszeit variiert werden.

Garten-Schaumkraut mit Frischkäse

1 Handvoll Garten-Schaumkraut, 100 g Frischkäse, etwas Öl, Salz, Pfeffer

Gewaschene und grob gehackte Blättchen des Garten-Schaumkrauts mit dem Frischkäse vermischen und mit den restlichen Zutaten abschmecken.

TIPP: Zum Beispiel auf einer Scheibe getoastetem Brot mit einigen Blättchen dekoriert servieren.

Kräuterquark

2 Handvoll Kräuter wie Garten-Schaumkraut, Giersch, Löwenzahn, Wiesenknopf, Sauerampfer oder Vogelmiere, 250 g Quark, etwas Joghurt oder Olivenöl, 1 Knoblauchzehe, Kräutersalz, Pfeffer

ALS DEKO: Gänseblümchen

Die Kräuter waschen, verlesen, trockenschleudern und fein hacken. Den Quark mit Joghurt oder Olivenöl glatt rühren. Die Kräuter unter den Quark mischen, mit den Gewürzen abschmecken und mit Gänseblümchen dekoriert servieren.

TIPP: Schmeckt gut zu Pellkartoffeln oder auf frisch gebackenen „Grünen Brötchen" (siehe Seite 15).

Von links nach rechts: Spatelförmige Blätter | Knospe
| voll erblühtes Blütenköpfchen | schon verblüht

HÖHE: 5 bis 15 cm
BLÜTEZEIT: Februar bis November

SAMMELKALENDER
BLÄTTER: Februar bis November
BLÜTEN: April bis August

Gänseblümchen
Bellis perennis

Kleine Pflanzenkunde

Das Gänseblümchen gehört zur Familie der Korbblütler (Asteraceae) und kommt in ganz Europa vor. Es gilt als besonders widerstandsfähig und ist fast das ganze Jahr über zu finden. Die kleine, krautige Pflanze bildet eine Blattrosette mit spatelförmigen Blättern, die an die Rosetten von Ackersalat erinnern. Auf einem blattlosen Blütenstiel sitzt ein gelbes Blütenkörbchen das von weißen Strahlen umgeben ist. Jedes dieser kleinen Blütenkörbchen besteht aus zahlreichen gelben Röhrenblüten, die von weißen Zungenblüten umrahmt werden. Dadurch wird erreicht, dass blütenbestäubende Insekten auf einen Schlag viele Blüten bestäuben. Beim Verblühen macht das hübsche Gänseblümchen einen Wandel ins Unscheinbare durch. Die weißen Blütenblätter fallen ab und die gelbe Blütenmitte geht ins Grün der Wiese über.

Der Gattungsname *Bellis* leitet sich vom lateinischen *bellus* = schön ab. Der Artname *perennis* (= dauernd) bezieht sich auf die beinahe ganzjährige Blütezeit des Gänseblümchens.

Im 15. Jahrhundert war der Name Marienblümlein, Tausendschön oder Maßliebchen gebräuchlich. Erst zu Beginn des 18. Jahrhunderts setzte sich der Name Gänseblümchen durch. Vermutlich weil Gänse sie auf der Weide ziemlich kurz halten. Dies regt jedoch das lichthungrige Blümchen dazu an, wahre Blütenteppiche hervorzubringen.

Am Abend und bei Regenwetter geht das Gänseblümchen „schlafen": Das Blütenkörbchen schließt sich und senkt dabei den Kopf. Seine Blüten öffnet es, wenn die Sonne herauskommt, weshalb germanische Stämme das Gänseblümchen als „Baldurs Auge" oder „Auge des Tages" bezeichneten.

Was steckt drin?

In der Volksheilkunde hat das Gänseblümchen einen hohen Stellenwert. Es enthält Saponine, Bitterstoffe, Gerbstoffe und ätherische Öle und wird innerlich zur

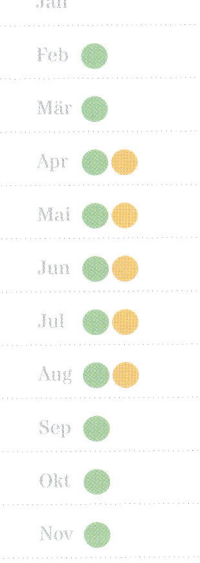

Jan

Feb

Mär

Apr

Mai

Jun

Jul

Aug

Sep

Okt

Nov

Dez

Zum Glück gibt es sie
überall auf den Wiesen.

löser ist eine Teemischung aus Gänseblümchenblüten, Spitzwegerichblättern
und Thymiankraut hilfreich.

Ernten

Man kann Gänseblümchen beinahe das
ganze Jahr über ernten. Für die Küche werden mit Vorliebe die Blüten genutzt. Wer
genügend Gänseblümchen auf der Wiese
oder im eigenen Garten hat, kann auch
die Blattrosetten mit verwenden. Heiltees
stellt man aus getrockneten oder frischen
Blüten her. Da man der Pflanze um den
Johannistag (24. Juni) die größte Heilwir-
kung zuschreibt, sammelt und trocknet
man sie für den Wintervorrat zweckmäßi-
gerweise um diesen Zeitpunkt.

Appetitanregung, bei Verdauungsproblemen und bei Erkrankungen der Atemwege
verwendet. Äußerlich kommt es zur
Wundbehandlung, bei Schürfwunden,
Furunkeln, Ausschlägen und bei Juckreiz
als Umschlag zum Einsatz.
ZUR TEEHERSTELLUNG 2 gehäufte
TL frische Gänseblümchenblüten mit
¼ l kochendem Wasser übergießen,
10 Minuten ziehen lassen, abseihen und
2-mal täglich 1 Tasse trinken. Als Husten-

Kulinarisch

Das Gänseblümchen ist eine leckere und
dekorative Bereicherung der Wildkräuterküche. Die Blüten und Blattrosetten werden als Beigabe zu Salaten, Quarkspeisen,
Suppen und Gemüsegerichten verwendet.
Als essbare Dekoration eignen sich die
Blüten hervorragend für belegte Brote,
Salate, Kräuterfrischkäse, Kräuterbutter
oder in einer Suppe schwimmend.

Natur- und Gartentipp

Das Gänseblümchen kennt wirklich jeder. Kinder lieben die Pflanze und
nutzen sie für Orakelspiele oder basteln sich Kränze daraus. Dafür ritzt
man die Stängel der Gänseblümchen mit dem Fingernagel auf und zieht
einen anderer Blütenstängel durch. Der Fantasie sind keine Grenzen
gesetzt und es entstehen wunderschöne Blumenketten, Haarreife, Arm-
bänder oder auch Fingerringe. Selbst sehr kleinen Kindern kann man den
Kontakt zur Natur durch Gänseblümchen vermitteln. Auf einer Wiese zu
krabbeln, beinahe auf Augenhöhe mit Gänseblümchen, ist ein elementares
Erlebnis.

Grünes Butterbrot

Dekoration mit Gänseblümchen

Werden die Blüten des Gänseblümchens nicht gleich nach der Ernte verwendet, schließen sie sich bald. Gut zu wissen, dass sie sich in einer warmen Suppe langsam wieder öffnen. Eine interessante Sache, wenn man dabei zuschauen kann.
TIPP: Wer die Blüten für kalte Speisen verwenden will, legt sie einfach in ein warmes Wasserbad bis sie sich wieder geöffnet haben.

Gänseblümchengelee

1 Litermaß voll Gänseblümchenblüten, 1,5 l Wasser, 1 kg Gelierzucker 1 : 1, Saft einer Zitrone

Die Blüten auf einem Leinentuch auslegen, damit sich alle Insekten zurückziehen können. Danach die Blüten mit dem Wasser aufkochen, über Nacht stehen lassen und anschließend durch ein Sieb abfiltern. Mit dem Gelierzucker und dem Zitronensaft zu Gelee kochen. Heiß in Schraubdeckelgläser füllen und sofort verschließen.
TIPP: Eine ausgefallene Geschenkidee aus der eigenen Kräuterküche.

Grünes Butterbrot

Verschiedene Frühlingskräuter wie Gänseblümchen, Scharbockskraut, Löwenzahn, Wiesen-Schaumkraut oder Brunnenkresse, Brot nach Wahl, evtl. getoastet und mit etwas Butter bestrichen, Salz, Pfeffer

Die Kräuter waschen, große Blätter klein schneiden, aufs Brot legen und mit den Gänseblümchen dekorieren. Nach Geschmack mit etwas Kräutersalz und Pfeffer aus der Mühle würzen.

Von links nach rechts: Herzförmige Grund-
blätter im ersten Jahr | spitz zulaufende
Stängelblätter im zweiten Jahr | 4 Blütenblätter
und Schoten | Schoten mit reifen Samen

HÖHE: 15 bis 90 cm
BLÜTEZEIT: April bis Juni

SAMMELKALENDER
GRUNDBLÄTTER: Februar bis Juni
SAMEN: Juli bis September

Knoblauchsrauke
Alliaria petiolata

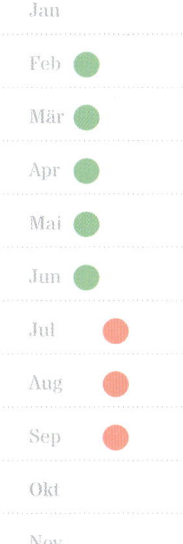

Jan
Feb
Mär
Apr
Mai
Jun
Jul
Aug
Sep
Okt
Nov
Dez

Kleine Pflanzenkunde

Die Knoblauchsrauke, auch als Lauch-
hederich oder Lauchkraut bekannt, gehört
zur Familie der Kreuzblütler (Brassicaceae)
und siedelt sich gerne auf nährstoffreichen, lockeren Böden an. Ab dem zeitigen
Frühjahr ist die Knoblauchsrauke in
lichten Wäldern, an Waldrändern, unter
Sträuchern und am Fuße von Mauern und
Zäunen zu finden.

Ihre herzförmigen Grundblätter
sind lang gestielt und wachsen in einer
Rosette. Zwischen den Fingern zerrieben
duften sie auffallend knoblauchartig. Die
Knoblauchsrauke ist zweijährig, das heißt
ihr aufrechter, unverzweigter Blütenstängel entwickelt sich erst im zweiten Jahr.
Im Gegensatz zu den Grundblättern sind
die Stängelblätter kurzgestielt und spitz
zulaufend. Vom Aussehen her erinnern sie
an Brennnesselblätter. Ihre weißen Blüten
stehen in Trauben am Ende des Stängels
und setzen sich aus vier über Kreuz angeordneten Blütenblättern zusammen,
die nicht miteinander verwachsen sind.
Damit weisen sie auf die Verwandtschaft
zu Kohlgewächsen wie Senf, Raps, Rettich
sowie Garten- und Wiesen-Schaumkraut
hin. Markant sind die langen Schoten
der Knoblauchsrauke, die bei Samenreife
aufplatzen und sechs bis acht schwarze
Samen freigeben. Diese Samen entwickeln
beim Zerkauen eine intensive Schärfe.

Was steckt drin?

Die Knoblauchsrauke wird in der Volksheilkunde aufgrund ihres Gehalts an
Senfölglykosiden, Vitaminen und ätherischen Öle verwendet. Die Inhaltsstoffe
gelten im Zusammenspiel als entzündungshemmend, desinfizierend und leicht
harntreibend. Der hohe Vitamingehalt
der Knoblauchsrauke wirkt sich positiv
auf das Immunsystem aus. Frische Blätter
setzt man deshalb in der Ernährung bei
Frühjahrskuren zur allgemeinen Stärkung,
bei Krankheiten der Atemwege, bei rheumatischen Beschwerden und Gicht ein.

Natur- und Gartentipp

Praktisch ist es, die Knoblauchsrauke im eigenen Garten anzusiedeln. Dazu einfach einige reife Samen beim Spaziergang von einer Pflanze abstreifen und im Heckenbereich aussäen. Schon im kommenden Jahr entwickeln sich die typischen Rosetten und im Jahr darauf stellen die Blüten ihren Nektar Bienen, Fliegen und Faltern zur Verfügung. Die Knoblauchsrauke ist eine wichtige Nahrungspflanze des Aurorafalters. Die Samen werden durch Ameisen weiterverbreitet, dadurch verselbstständigt sich die Knoblauchsrauke und einer Plantage steht nichts mehr im Wege.

Am besten schmecken die zarten Grundblätter.

Ernten

Am intensivsten nach Knoblauch schmecken die zarten Grundblätter, die ab dem zeitigen Frühjahr gesammelt werden können. Etwas zäher sind die Grund- bzw. Rosettenblätter an den überwinternden Pflanzen, die ab dem Sommer zur Verfügung stehen. Die Stängelblätter der blühenden Pflanze lassen sich zwar auch verwenden, doch sie schmecken bitter und sind nicht so aromatisch. Sie können Knoblauchsrauke auch trocknen, allerdings verliert sich dann der knoblauchartige Geschmack, da die Senföle flüchtig sind. Sammeln Sie die Samen ab dem Spätsommer, wenn sie reif und schwarz sind und sich leicht mitsamt den Schoten von der Pflanze streifen lassen.

Kulinarisch

Ihr Duft nach Knoblauch gepaart mit einer leichten senfartigen Schärfe zeichnet die Knoblauchsrauke als delikates Würzkraut aus. Die Blätter eignen sich ausgezeichnet als Zutat für Kräuterquark, Soßen, Suppen, zu Salaten, in Pestos, Kräuterbutter oder einfach aufs Butterbrot gelegt. Darüber hinaus wird Knoblauchsrauke mit anderen Kräutern für Füllungen in Strudeln und Maultaschen, zu gedünstetem Gemüse, in Bratlingen, Aufläufen, zu Crêpes und Kräuterkartoffeln verarbeitet. Die scharf schmeckenden Samen können Sie gemahlen als „Wiesenpfeffer" verwenden.

Crêpe mit Knoblauchsrauke

2 Handvoll Knoblauchsrauke, ¼ l Milch, 4 Eier, 150 g Mehl, Salz, Butter zum Ausbacken

Die gewaschenen und fein geschnittenen Knoblauchsraukeblätter mit der Milch pürieren. Eier, Mehl und Salz dazugeben und einen dünnflüssigen Teig herstellen. Die Crêpes mit wenig Butter oder Öl in einer Pfanne knusprig ausbacken.

TIPP: Mischungen mit anderen Kräutern wie zum Beispiel Giersch, Vogelmiere oder Brennnessel ergeben unterschiedliche Geschmacksvariationen.

Kräuterbrot

2 Handvoll Kräuter wie Knoblauchsrauke, Brennnessel oder Giersch, 1 kg Vollkornmehl, 600 ml warmes Wasser, ½ Würfel Hefe, 2 TL Salz

Kräuter waschen und sehr fein hacken. Aus Mehl, Wasser, Hefe und Salz einen Hefeteig herstellen, die Kräuter unterkneten und den Teig 30 Minuten gehen lassen. Anschließend nochmals durchkneten und ein Brot formen. Dieses auf ein Backblech legen, über Kreuz einschneiden und wieder gehen lassen, bis sich kleine Risse an der Oberfläche gebildet haben. Inzwischen den Ofen vorheizen und das Brot etwa 45 Minuten bei 190 °C backen.

TIPP: Für eine scharfe Note können auch die zerstoßenen Samen der Knoblauchsrauke als Brotwürze verwendet werden.

Pesto

4 Handvoll Knoblauchsraukeblätter, 5 EL Sonnenblumenkerne, 250 ml Sonnenblumen- oder Olivenöl, Salz

Die Sonnenblumenkerne in einer Pfanne trocken anrösten und erkalten lassen. Die gewaschenen und trockengeschleuderten Blätter der Knoblauchsrauke mit den Sonnenblumenkernen und dem Öl in einem Mixer fein pürieren und mit Salz abschmecken. In Schraubdeckelgläser gefüllt ist das Pesto im Kühlschrank 3–4 Wochen haltbar oder kann eingefroren werden.

TIPP: Zur Verwendung zu Nudelgerichten 2 EL geriebenen Parmesan untermischen und das Pesto mit etwas Nudelwasser auf die gewünschte Konsistenz verdünnen. Variationen mit anderen Kräutern wie Bärlauch, Basilikum oder Giersch schmecken ebenfalls sehr lecker.

Von links nach rechts: Blätter in Quirlen
| Knospenstand | feine weiße Blüten

HÖHE: 30 bis 120 cm
BLÜTEZEIT: Mai bis Oktober

SAMMELKALENDER
TRIEBSPITZEN: April bis Oktober
BLÜTEN: Mai bis August

Wiesen-Labkraut
Galium mollugo

Jan
Feb
Mär
Apr
Mai
Jun
Jul
Aug
Sep
Okt
Nov
Dez

Kleine Pflanzenkunde

Das Wiesen-Labkraut, auch als Weißes Waldstroh oder Grasstern bekannt, ist auf Wiesen und Weiden, an Gebüsch- und Wegrändern und als Zuwanderer in Gärten weitverbreitet. Leicht zu erkennen ist es an den kleinen Quirlen aus zugespitzten Blättern, die etagenweise um den vierkantigen Stängel stehen. Die zart anmutenden weißen Blütenstände in den Blattachseln der Stängel setzen sich aus zahllosen, nach Honig duftenden Einzelblüten zusammen, die wie vierstrahlige Sterne aussehen. In der Hauptblütezeit wirkt das Wiesen-Labkraut in den Wiesen wie locker verteilte schaumige Wolken. Der Gattungsname *Galium* leitet sich vom griechischen Wort *gala* (= Milch) ab. Auch der deutsche Name Labkraut deutet darauf hin, dass man Labkräuter früher in der Käseherstellung eingesetzt hat. Enzyme in Labkräutern sollen Milch zum Gerinnen bringen, ähnlich dem tierischen Lab, das aus Kälbermägen gewonnen wird.

Das Wiesen-Labkraut gehört zur Familie der Rötegewächse (Rubiaceae) und ist mit dem Echten Labkraut (*Galium verum*), dem Waldmeister (*Galium odoratum*) und dem Kletten-Labkraut (*Galium aparine*) verwandt, die ebenfalls alle verwendet werden können. Der Name Rötegewächse deutet auf die frühere Verwendung der Wurzeln zum Rotfärben von Stoff und Wolle hin.

Was steckt drin?

In der Volksmedizin wird das Wiesen-Labkraut wegen seiner Kieselsäure, Gerbstoffe, Flavonoide und ätherischen Öle als harntreibendes Mittel und zur Anregung der Lymphtätigkeit und des Stoffwechsels verwendet. Äußerlich kommt es bei schlecht heilenden Wunden und unreiner Haut zum Einsatz.

ZUR TEEHERSTELLUNG 1 TL getrocknetes Kraut mit ¼ l kochendem Wasser übergießen, 10 Minuten ziehen lassen, abgießen und pro Tag 2–3 Tassen trinken.

Ernten

Ab März beginnt die Erntezeit der zarten, saftigen Triebspitzen. Sie werden komplett verwendet und wachsen bei fortlaufender Ernte ständig neu nach. Der Geschmack verändert sich zwar, doch die Ernte kann so bis in den Spätsommer erfolgen. Die Blüten beziehungsweise die Blütenstände ernten Sie am besten bei trockenem Wetter.

Zart duftende Blütenstände

Kulinarisch

Das Wiesen-Labkraut kann als Wildgemüse in der Kräuterküche üppig verwendet werden. Die Triebspitzen schmecken leicht scharf nach jungen Erbsen und kommen in Salaten, Aufstrichen oder als Brotbelag gut zur Geltung. Sie eignen sich einzeln oder mit anderen Kräutern gemischt für Kartoffelgratins, Pestos, als Wildgemüse und für Smoothies. Die Blütenstände werden zum Aromatisieren von Kräuterlimonaden, Bowlen, Süßspeisen und Gelees verwendet.

Wildkräuter im Teigmantel

Wildkräuter wie Wiesen-Labkraut, Echtes Labkraut, Spitzwegerich, Brennnessel, Giersch oder Knoblauchsrauke, 200 g Mehl, 2 Eier, 500 ml Wasser, Salz
Wildkräuter waschen, trockentupfen oder trockenschleudern. Aus Mehl, Eiern, Wasser und Salz einen dünnen Pfannenkuchenteig rühren. Die Blätter am Stiel

Natur- und Gartentipp

Das Wiesen-Labkraut (*Galium mollugo*) kommt in Wildblumenmischungen vor und gibt jeder Blumenwiese einen zart duftenden, weißen Rahmen. Die Blüten dienen als Hummel- und Bienenweide. Die ganze Pflanze lässt sich wunderbar zu Blumensträußen und Kränzen verarbeiten. Auch der Waldmeister (*G. odoratum*) kann gut im eigenen Garten unter der Hecke oder einem Laubbaum kultiviert werden. Das gelb blühende Echte Labkraut (*G. verum*) ist nur auf magerem Boden konkurrenzfähig, was bei der Ansiedlung im Garten berücksichtigt werden sollte.

Üppige Wildgemüse-Ernte

festhalten, durch den Teig ziehen und in heißem Fett in einer Pfanne ausbacken.
TIPP: Dazu passt Kräuterquark (siehe Garten-Schaumkraut, Seite 19).

Gedünstetes Wildgemüse

Wiesen-Labkraut, Löwenzahn, Knoblauchsrauke, Brennnesseln, Vogelmiere, Spitzwegerich, Wiesen-Bärenklau, 1 große Zwiebel, Butter, 1 Knoblauch-zehe, Zitronensaft, Salz, Pfeffer, Muskat, Chili, etwas Sahne

Gewaschene Wildkräuter grob hacken und in einer Pfanne mit der klein geschnittenen Zwiebel in Butter glasig dünsten. Gehackten Knoblauch dazugeben und mit den Gewürzen und einem Schuss Sahne abgeschmeckt vollends zusammenfallen lassen.
TIPP: Spaghetti mit Wildgemüse – ein neues Geschmackserlebnis.

Von links nach rechts: Fein gefiederte
Blätter | Knospenstand | voll erblühte
Scheindolde

HÖHE: 15 bis 80 cm
BLÜTEZEIT: Juni bis Oktober

SAMMELKALENDER
BLÄTTER: März bis Oktober ●
BLÜTEN: Juni bis September ●

Wiesen-Schafgarbe
Achillea millefolium

Kleine Pflanzenkunde

Die Wiesen-Schafgarbe aus der Familie der
Korbblütler (Asteraceae) ist eine widerstandsfähige, ausdauernde Pflanze, die
sonnige und trockene Standorte liebt.
Sie wächst vorzugsweise auf Wiesen und
an Weg- und Ackerrändern. Ihre Wurzeln
treibt die Schafgarbe bis zu 90 cm tief in
den Boden und gilt deshalb auch als Pio-
nierpflanze. Jung kann man sie an ihren
filigranen Blättchen sehr gut erkennen.
Diese zart geschwungenen, fiederschnit-
tigen Blättchen brachten der Schafgarbe
den Namen „Augenbraue der Venus" ein.
Auf einem kantigen Stängel ragen die
weißen, stark verästelten Blütenteller
der Schafgarbe markant aus der Wiese
heraus. Diese sogenannten Scheindolden
verströmen einen aromatischen Duft. Die
Früchte der Schafgarbe sind klein und
unscheinbar und haben keinen Haarkranz
(Pappus).

Mit weiteren Namen wie „Heil aller
Schäden", „Zimmermannskraut", „Bauch-
wehkraut" und „Frauenkraut" macht

sie auf ihre inneren Werte aufmerksam.
Der Name Schafgarbe entstand durch
die Beobachtung, dass erkrankte Schafe
vermehrt von ihr fressen. Die Garbe des
Schafes also, vom althochdeutschen Wort
Garwe (= Gesundmacher) abgeleitet.
Ihr Gattungsname *Achillea* geht auf den
griechischen Krieger und Helden Achilles
zurück, der der Sage nach seine eigenen
Wunden und die seiner Krieger mit der
blutstillenden Schafgarbe behandelt
haben soll. Der Artname *millefolium* (aus
mille = tausend und *folium* = Blatt) bezieht
sich auf ihre „tausendfach" gefiederten
Blätter.

Was steckt drin?

Die Wiesen-Schafgarbe ist eine überaus
vielseitige Heilpflanze, die durch ihre
ätherischen Öle, Bitterstoffe und Gerbstoffe ein aromatisches Bittermittel ist.
In der Volksheilkunde wird sie bei Verdauungsstörungen, zur Appetitanregung, bei
Magenschleimhaut-Entzündungen sowie
bei Darm-, Gallen- und Leberleiden einge-

Jan
Feb
Mär ●
Apr ●
Mai ●
Jun ● ●
Jul ● ●
Aug ● ●
Sep ● ●
Okt ●
Nov
Dez

Natur- und Gartentipp

Der Gartenanbau der Wiesen-Schafgarbe durch Aussaat ist schwieriger als man denkt. Am besten ist es, sie in kleine Töpfe auszusäen und die herangewachsenen Pflanzen ins Freiland zu setzen. Im nächsten Jahr zeigt es sich, ob sie sich an diesem Standort wohlfühlt und wiederkommt. Einfacher ist es, ausgewachsene Pflanzen durch Teilung der Wurzelstöcke zu vermehren oder man lässt sie gewähren, wo sie sich von selbst ansiedelt. Die Schafgarbe ist eine dekorative Schnittblume für Sträuße, Trockengestecke, Kränze und Kräuterbüschel. Das Schneiden schadet der Pflanze nicht, im Gegenteil, durch den Schnitt bilden sich umso mehr neue Blüten. Stehen gelassene Blütenstände behalten auch im Winter ihre Form und sehen mit Raureif überzogen reizvoll aus.

Die Blütenstände leuchten aus der Wiese hervor.

setzt. Bekannt sind auch ihre krampflösenden, entzündungshemmenden und blutstillenden Eigenschaften, welche die Schafgarbe bei Kopfschmerzen, Wadenkrämpfen und Wunden sehr hilfreich macht. Das alte Sprichwort „Schafgarbe im Leib, tut wohl jedem Weib" bringt ihre Verwendung als Frauenkraut beispielsweise bei Menstruationsstörungen und Wechseljahresbeschwerden zum Ausdruck. Die Zubereitungen reichen von Tee, Tinktur, Frischpflanzenpresssaft und Salbe bis hin zu Auszügen in Öl oder Wein. Das reine ätherische Öl der Schafgarbe ist sehr kostspielig. Für die Gewinnung eines Liters durch Dampfdestillation braucht man 250 kg Schafgarbenkraut. Verdünnt können Sie es für Massagen, Kompressen, Sitzbäder, Fußbäder und in Duftlampen einsetzen.

ZUR TEEHERSTELLUNG 1 TL getrocknetes Schafgarbenkraut mit ¼ l kochendem Wasser übergießen, 15 Minuten ziehen lassen, abseihen und mäßig warm 2–3 Tassen täglich trinken. Dieser Teeauszug eignet sich auch als hautpflegendes Gesichtsdampfbad.

Ernten

Die zarten Grundblättchen der Schafgarbe können ab März laufend frisch geerntet werden. Die Blätter an den Stängeln und die Blüten kommen später zur Frischverwendung hinzu. Sowohl Blüten als auch Blätter eignen sich zum Trocknen für Teezubereitungen und in Würzmischungen. Dazu schneidet man die blühenden Triebe am besten mit einem scharfen Messer oder einer Schere ab, denn beim Abpflücken der zähen Stängel von Hand besteht die Gefahr, die Wurzel der Pflanze mit herauszureißen. Die Blütenteller werden dann ebenfalls mit der Schere vom Stängel getrennt und die Blätter streift man von Hand herunter. Locker ausgebreitet kann die Schafgarbe so vorbereitet gleichmäßig trocknen.

Kulinarisch

Eine Delikatesse sind die frischen Blättchen der Schafgarbe als Brotbelag, in Kräuterbutter, zu Gemüse, in Salaten, Kräuterquark, Suppen und über Bratkartoffeln. Gut eignen sich Schafgarbenblätter und -blüten, ob frisch oder getrocknet, zum Aromatisieren von Essig- und Ölansätzen, für Kräuterwein oder Likör, Kräutersalz und Kräuterlimonaden.

Schafgarbenöl

Schafgarbenbutter

Die Blüten und Blütenknospen sind von der essbaren Dekoration, als Gelee, bis hin zum Gewürz über verschiedene Speisen gestreut zu verwenden.

Schafgarbenöl

2 Handvoll Schafgarbenblüten,
250 ml Oliven- oder Sonnenblumenöl
Alle Zutaten zusammen in einer Flasche ansetzten, 3–4 Wochen stehen lassen, abseihen.
TIPP: Es kann als Würzöl in der Küche und als Massageöl bei Kopfschmerzen und sonstigen Verspannungsschmerzen eingesetzt werden.

Teemischung

Schafgarbe, Kamille und Pfefferminze jeweils zu gleichen Teilen, mit ¼ l kochendem Wasser übergießen, 8–10 Minuten ziehen lassen, abgießen und 2- bis 3-mal täglich 1 Tasse trinken. Wie alle Heilkräutertees nicht als Dauergetränk anwenden.
TIPP: Wirksam bei Magen-Darm-Beschwerden.

Schafgarbenbutter

1 Handvoll Schafgarbenblätter,
250 g Butter, Salz
Schafgarbenblättchen waschen, trockentupfen und fein hacken. Butter, Salz und die klein geschnittenen Blättchen mit Hilfe einer Gabel miteinander vermengen.
TIPP: Schmeckt lecker auf einem deftigen Bauernbrot, dekoriert mit Schafgarbenblättchen.

Schafgarbentinktur

Schafgarbenblätter und -blüten in ein weithalsiges Gefäß halbvoll einfüllen. Mit Doppelkorn (38 Vol.-%) bis zum Rand auffüllen und 6–8 Wochen ausziehen lassen. Dann die Tinktur durch ein feines Sieb oder einen Kaffeefilter abfiltern. Anwendung innerlich: Tropfenweise bei Verdauungsproblemen und Wechseljahresbeschwerden. Anwendung äußerlich: bei Hautproblemen, Pickeln, gestörter Wundheilung, Schuppenflechte.
TIPP: Die Tinktur als Bestandteil der Hausapotheke ansetzen.

Von links nach rechts: lanzettliche Bärlauchblätter | Blütenknospen | kugeliger Blütenstand | Früchte werden von Ameisen verbreitet

HÖHE: 15 bis 20 cm
BLÜTEZEIT: April bis Juni

SAMMELKALENDER
BLÄTTER: Februar bis April
BLÜTEN: April bis Mai

Bärlauch

Allium ursinum

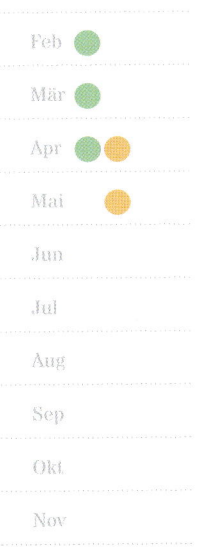

Jan
Feb ●
Mär ●
Apr ●●
Mai ●
Jun
Jul
Aug
Sep
Okt
Nov
Dez

Kleine Pflanzenkunde

Kaum kündigt sich das Ende des Winters an, schon drücken die grünen Spitzen des Bärlauchs aus dem Boden. Flächendeckend greift er in Laub- und Auwäldern, Parkanlagen und am Waldrand um sich. Auch bekannt als Hexenzwiebel, Bärenlauch und Wilder Knoblauch, präsentiert sich der lichthungrige Frühblüher aus der Familie der Lauchgewächse (Alliaceae) nur für eine kurze Zeit im Jahr. Er hat seinen Lebenszyklus an denjenigen der Laubbäume angepasst und nutzt die Zeit für seinen Blattaustrieb, solange die Bäume über ihm noch kahl sind. Die grünen Spitzen, die sich aus einer kleinen Zwiebel ans Tageslicht schieben, entwickeln sich deshalb schnell zu gestielten, lanzettlichen Laubblättern mit parallel verlaufenden Blattnerven. Zwischen den Händen zerrieben riechen sie deutlich nach Knoblauch.

Bärlauch wird immer wieder mit Maiglöckchen, Aronstab und den Blättern der Herbstzeitlosen verwechselt, die alle giftig sind. Doch nicht nur sein Geruch und der Knoblauchgeschmack machen ihn unverwechselbar, sondern auch seine Blüte. Gemäß seiner Verwandtschaft mit Lauch, Zwiebel und Schnittlauch setzt sich seine kugelige Scheindolde aus bis zu 25 sternförmigen, weißen Einzelblüten zusammen. Mit nur einem Blütenstand pro Zwiebel bringt sie so trotzdem zahlreiche schwarze Kapselfrüchte zur Vermehrung auf den Weg. Die relativ schweren Früchte werden durch Ameisen verbreitet. Sie sammeln die Früchte wegen ihres fettreichen Anhängsels, dem Elaiosom, und verteilen sie auf diese Weise.

Was steckt drin?

Die im Bärlauch nachgewiesenen Lauchöle, Flavonoide, Saponine, ätherischen Öle und Vitamine helfen bei Arteriosklerose und Bluthochdruck. Als Presssaft oder Tinktur kommt er zudem bei Verdauungsbeschwerden, Appetitlosigkeit und Blähungen zum Einsatz. Frischer Bärlauch ist wie eine Frühjahrskur und peppt den Speiseplan auf.

Bärlauch im lichten
Frühjahrs-Buchenwald

Ernten

Da Bärlauch frisch am besten schmeckt,
sollten Sie nur so viele Blätter ernten, wie
Sie benötigen. Lassen Sie an jeder Pflanze
zwei Drittel der Blätter stehen, damit sich
die Zwiebel für den Winter ausreichend
versorgen kann und der Bärlauchbestand
erhalten bleibt. Bärlauch mag es nicht,
zertreten zu werden, was eine Ernte vom
Rand des Bestandes sinnvoll macht. Auch
wenn die Blätter langsam vergilben, können Sie immer noch auf die Knospen und
Blüten zurückgreifen.

Verwechslungsgefahr gebannt

Die Blätter des Aronstabes (*Arum maculatum*) weisen am Stängelansatz zwei
markante Zipfel auf. Maiglöckchenblätter
(*Convallaria majalis*) stecken immer zu
zweit in einem Schaft und ihre typischen
weißen Glöckchen erscheinen gleichzeitig
mit dem Blattaustrieb. Bei den Herbstzeitlosen (*Colchicum autumnale*) wachsen
die stängellosen Blätter aus einer Rosette.
Holen Sie sich aber im Zweifelsfall unbedingt Rat bei einem Kräuterkundigen.

Kulinarisch

Bärlauch hat längst seinen festen Platz
in der Kräuterküche. Ein paar Blätter auf
einem Butterbrot oder ein Löffel tau-
frisches Bärlauchpesto über einen Teller
voller Nudeln gegeben, ist ein besonderer
Genuss. Die Blätter lassen sich auch in
Salaten, Kräuterquark, Kräuterbutter, in
Frisch- und Hartkäse und zu Gemüsegerichten verwenden. Knospen und
Blüten sind in Salaten und als essbare
Dekoration eine Delikatesse. Auch in
Ansatzweinen, Ölen und Essig kommen
sowohl Blätter als auch Blüten und Knospen zum Einsatz.

Natur- und Gartentipp

Bärlauch gedeiht prächtig in jedem Garten. Wird er seinem natürlichen
Standort gemäß unter Laubbäumen oder einer Laubhecke gepflanzt, entwi-
ckelt er sich schnell zum Selbstläufer. In den meisten Gärtnereien können
Sie die Pflanze in Töpfen kaufen. Viel Geduld brauchen Sie allerdings, wenn
Sie Bärlauch aus Samen ziehen wollen: Als Kaltkeimer brauchen die Samen
eine Kälteperiode zum Austreiben.

Grüne Pfannkuchen

Bärlauchbutter

1 Handvoll Bärlauchblätter, 100 g Butter, etwas Zitronensaft, Salz, Chilipulver, Pfeffer

Den Bärlauch fein hacken und mit Hilfe einer Gabel mit der Butter vermengen. Mit den Gewürzen je nach Geschmack abschmecken und mit Blüten dekoriert servieren.

TIPP: Buttermischungen sind mit verschiedensten Kräutern die ganze Saison über möglich.

Grüne Pfannkuchen

1 Handvoll Bärlauchblätter, 250 g Mehl, 2 Eier, 500 ml Wasser, Salz, Öl

Mehl, Eier, Wasser und Salz mit einem Schneebesen verrühren und den fein gehackten Bärlauch unterheben. Öl in der Pfanne erhitzen und dünne Pfannkuchen darin ausbacken.

TIPP: Je feiner der Bärlauch gehackt oder gemixt wird, desto grüner werden die Pfannkuchen. In Kombination mit Vogelmiere werden sie noch grüner.

Bärlauchtinktur

2 Handvoll Bärlauchblätter, ¾ l Korn (32 Vol.-%)

Bärlauchblätter fein schneiden und in einer weithalsigen Flasche mit dem Korn übergießen. Nach 4–6 Wochen abseihen und in eine dunkle Flasche abfüllen. Empfohlen werden z. B. bei Verdauungsproblemen 1- bis 3-mal täglich 10–50 Tropfen.

Von links nach rechts: Brennnesselähnliche
Blätter | Blüten in Quirlen | ähnlich: Goldnessel
| Rote Taubnessel

HÖHE: 30 bis 50 cm
BLÜTEZEIT: April bis Oktober

SAMMELKALENDER
BLÄTTER UND TRIEBSPITZEN:
März bis September
BLÜTEN: April bis Oktober

Weiße Taubnessel
Lamium album

Jan	
Feb	
Mär	●
Apr	● ●
Mai	● ●
Jun	● ●
Jul	● ●
Aug	● ●
Sep	● ●
Okt	●
Nov	
Dez	

Kleine Pflanzenkunde

Die Weiße Taubnessel, auch als Bienensaug, Blumennessel und Kuckucksnessel bekannt, hat sich eine besondere Strategie einfallen lassen, um sich vor Fraßfeinden zu schützen. Sie imitiert Brennnesseln und wächst dort, wo Brennnesseln wachsen – unter Hecken und an Wald- und Wegrändern. Sie „brennt" allerdings nicht, sie ist „taub". Obwohl sie keine Brennhaare hat, wird sie von Fraßfeinden sicherheitshalber verschont.

Die Weiße Taubnessel gehört zur Familie der Lippenblütler (Lamiaceae) wie Dost und Gundermann. An ihrem vierkantigen, verzweigten Stängel sitzen die brennnesselähnlichen Blätter kreuzgegenständig, d. h. immer paarweise über Kreuz versetzt, gegenüber. Auffallend an der Weißen Taubnessel sind die weißen, 1 – 2 cm großen, nach Honig duftenden Lippenblüten, die in Blütenquirlen in den Achseln der oberen Blätter sitzen. Diese Blüten bieten ihren Nektar in einer tiefen Schlundröhre

an, umrahmt von einer Ober- und einer Unterlippe. Der Gattungsname *Lamium* bezieht sich mit *lamos* (= Schlund) darauf und der Artname *album* stammt vom lateinischen Wort *albus* (= weiß).

Die Weiße Taubnessel wird in der Kräuterküche wegen ihres feinen Aromas und ihrer weiten Verbreitung meist bevorzugt verwendet. Doch die Goldnessel (*Lamium galeobdolon*) mit hellgelben Blüten, die Gefleckte Taubnessel (*L. maculatum*) mit rotvioletten Blüten und die kleinere Rote Taubnessel (*L. purpureum*) mit ihren purpurroten Blüten sind ebenfalls essbar.

Was steckt drin?

In der Volksheilkunde wird die Weiße Taubnessel wegen ihrer Gerbstoffe, Saponine, Schleimstoffe, ätherischen Öle, Mineralstoffe und Spurenelemente verwendet. Sie kommt bei Erkältungskrankheiten, Magen- und Darmproblemen und in der Frauenheilkunde bei Menstruations- und klimakterischen Beschwerden

Bei der Taubnessel kann man aus dem Vollen schöpfen.

5 Minuten ziehen lassen, abseihen und 2- bis 3-mal täglich 1 Tasse trinken.

Ernten

Mit den Blättern und Triebspitzen der Weißen Taubnesseln als ergiebiges Wildgemüse kann vom Frühling bis in den Sommer hinein aus dem Vollen geschöpft werden. Die weißen Blüten erweitern das Ernteangebot. Bunt wird's, wenn die Blüten von anderen Taubnesseln mitverwendet werden.

Kulinarisch

Die Weiße Taubnessel hat ein angenehm pilziges Aroma und wird in der Küche frisch als Beigabe zu Salaten, im Spinat, zu Gemüsegerichten, in Bratlingen, Gemüsefüllungen und in Kräuterbutter verwendet. Die honigsüßen Blüten werden als essbare Dekoration über Salate gestreut, zu Süßspeisen oder in Likör angesetzt verwendet. Taubnesseln werden gern mit anderen Kräutern gemischt für einen Tee genutzt und können für den Wintervorrat getrocknet werden.

zum Einsatz. Äußerlich sind Umschläge bei schlecht heilenden Wunden, Verbrennungen und bei Juckreiz hilfreich.
ZUR TEEHERSTELLUNG 1 – 2 TL getrocknetes Taubnesselkraut und Blüten mit ¼ l kochendem Wasser übergießen,

Natur- und Gartentipp

Im Naturgarten lockt die Taubnessel Hummeln als wichtige Bestäuber an und belohnt sie im Gegenzug mit Nektar. Hummeln sind auch bei ungünstiger Witterung unter 12 °C noch unterwegs, wenn Bienen ihre Aktivität einstellen. Auf diese Weise werden Obstbäume auch an kühlen Frühlingstagen bestäubt. Der Name „Bienensaug" ist etwas irreführend, da nur Hummeln mit ihrem langen Rüssel den Blütennektar in der Schlundröhre erreichen. Bienen beißen sich von außen ein Loch in die Röhre und bedienen sich am Nektar ohne im Gegenzug für die Bestäubung zu sorgen. Den meisten Menschen sind Taubnesselblüten aus Kindertagen in guter Erinnerung, als sie wegen ihres süßen Nektars ausgelutscht wurden.

Taubnessel-Trunk

Wildkräuter-Lasagne

4 Handvoll Wildkräuter wie Taubnesseln, Brennnesseln, Giersch, Wiesen-Bären-klau, Vogelmiere, Rotklee oder Sauer-ampfer, 1 Zwiebel, Butter, Zitronensaft, Salz, Muskat, Pfeffer, 1 Packung grüne Lasagneblätter, 300 g geriebener Käse FÜR DIE SOSSE: 50 g Butter, 20 g Mehl, 500 ml Milch, Kräutersalz, Muskatnuss

Für die Soße Butter zerlassen, Mehl anschwitzen, mit Milch aufgießen, aufkochen lassen und mit den Gewürzen abschmecken.

Die Wildkräuter in feine Streifen schneiden und mit der klein geschnitte-nen Zwiebel in etwas Butter andünsten. Mit Zitronensaft, Salz, Muskat und Pfeffer würzen. Eine feuerfeste Form einfetten und abwechselnd Lasagneblätter, Soße, Wildkräuter und geriebenen Käse darüber verteilen. Über die letzte Schicht Lasagne-blätter die restliche Soße und den Käse

verteilen. Die Lasagne bei 200 °C etwa 40 – 45 Minuten im Backofen backen.

Taubnesselomelette

2 Handvoll Taubnesselblätter und -trieb-spitzen, 3 Eier, etwas Milch, Salz, Pfeffer

Eier, Milch und Gewürze miteinander verrühren. Die klein geschnittenen Taubnesseln unterheben und alles in einer Pfanne mit etwas Butter oder Öl zu einem Omelette ausbacken.

Taubnessel-Trunk

2 Handvoll Taubnesselblätter und -triebspitzen, 200 ml Obstsaft

Taubnesseln grob zerkleinern, mit dem Obstsaft in einem Mixer fein pürieren und durch ein Sieb streichen. Den aufgefange-nen Saft in kleine Gläschen verteilen und mit Blüten dekoriert servieren.

TIPP: Variationen mit anderen Kräutern sind durchaus möglich.

Von links nach rechts: Zartes Blatt | typische drei-
geteilte Blattform | Blütendolde | Fruchtstand

HÖHE: 50 bis 80 cm
BLÜTEZEIT: Mai bis September

SAMMELKALENDER
BLÄTTER: Februar bis Dezember
BLÜTEN: Juni bis August
FRÜCHTE: Juli bis September

Giersch
Aegopodium podagraria

Kleine Pflanzenkunde

Giersch gehört zur Familie der Doldenblütler (Apiaceae). Er ist an Wegrändern,
in Gärten, Parkanlagen und unter Hecken
zu finden, überall dort wo der Boden ausreichend nährstoffreich und tiefgründig
ist. Bekannt ist er auch unter den Namen
Dreiblatt, Ziegenfuß, Podagrakraut, Geiß-
fuß oder Gichtkraut.

Mit seinen dreigeteilten Grundblättern,
die auf einem gefurchten Stängel sitzen
und seinen unterirdischen Wurzelausläu-
fern, ist er den meisten Gartenbesitzern
kein Unbekannter. Die Blätter duften zwischen den Fingern zerrieben nach frischen
Möhren. Zur Blütezeit schmückt sich der
Giersch mit zahlreichen weißen Blütendolden. Die für diese Familie typischen
schirmartigen Dolden setzen sich aus
kleinen Döldchen zusammen, an denen
die weißen, fünfzähligen Einzelblüten sitzen. Seine Früchte werden als Spaltfrüchte
bezeichnet, da sie zur Reifezeit in zwei
gleiche Teile zerfallen. Vom Aussehen her
erinnern sie an die Früchte des Kümmels.

Der Gattungsname *Aegopodium* leitet
sich von *aigeos* (= Ziege) und *pous, podos*
(= Fuß) ab. Gemeint ist damit das Aussehen der Blätter, die an einen Ziegenfuß
erinnern. Der Artname *podagraria* (von
Podagra = Gicht) weist auf ihre Verwendung bei Rheuma und Gicht hin.

Das Ansiedeln im eigenen Garten
ist normalerweise nicht nötig, denn er
findet schon von selbst den Weg dorthin.
Man hat sogar den Eindruck, der Spruch
„Unkraut vergeht nicht!" wurde eigens
für ihn kreiert. Es ist ratsam dem Giersch
einen fest umrissenen Platz im Garten
zuzuweisen. Ernten Sie deshalb die zarten
Blättchen so oft wie möglich. Seiner
Eigenschaft, sich immer stärker zu auszubreiten, wird damit Einhalt geboten und
man kann sich an ihm freuen, frei nach
dem Motto „essen statt jäten".

Was steckt drin?

Giersch ist eine alte Heilpflanze, die in der
Volksheilkunde aufgrund ihrer ätherischen
Öle, Vitamine, Aminosäuren und Mineral-

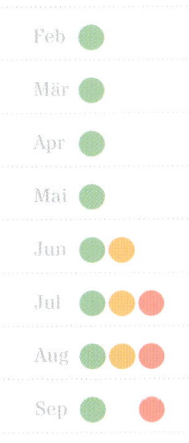

Jan
Feb
Mär
Apr
Mai
Jun
Jul
Aug
Sep
Okt
Nov
Dez

Gierschfrüchte als Gewürz

Giersch bildet üppige Bestände.

stoffe als Tee oder Frisch-pflanzenpresssaft bei rheumatischen Beschwerden, Arthrose und Gicht zum Einsatz kommt. Äußerlich kann ein Umschlag aus dem Teeauszug oder mit gequetschten Gierschblättern zur Unterstützung auf schmerzhafte Gelenke aufgelegt werden.

ZUR TEEHERSTELLUNG

1 TL getrocknete Gierschblätter mit ¼ l kochendem Wasser übergießen, 5 Minuten ziehen lassen, abseihen und 2-mal täglich 1 Tasse trinken.

Ernten

Wenn man die Blätter kontinuierlich abschneidet, treibt Giersch aus seinen unterirdischen Ausläufern stetig frisch aus. Auf diese Weise kann man beinahe das ganze Jahr über zarte Gierschblätter ernten. In Streifen geschnitten und mit anderen Kräutern gemischt, eignen sie sich auch zum Einfrieren. Die Blüten nimmt man im Sommer frisch. Die Blätter trocknet man für den Wintervorrat für Teezubereitung und Kräutersalz. Die Früchte werden entweder frisch verwendet oder für den Wintervorrat ebenfalls getrocknet.

Kulinarisch

Ist man einmal auf den Geschmack gekommen, steigt die Hochachtung vor diesem leckeren Wildgemüse. Die jungen Blätter werden die ganze Saison über zu Salaten, Bratlingen, Spinat, Gemüsefüllungen, Kräuterkartoffeln, Eintopfgerichten, Wildkräutersuppen, Pestos und Kräuterbutter verarbeitet. Giersch kommt in Mixgetränken mit Obst, den Smoothies, zum Einsatz, verleiht Kräuterlimonaden und Kräuterlikör ein hervorragendes Aroma und schmeckt auch eingelegt in Essig, Kräuteröl oder einfach als Brotbelag ausgezeichnet. Die Blüten und Blätter verwendet man als essbare Dekoration auf Käseplatten und fürs kalte Büfett. Die Früchte finden gemahlen als Gewürz Verwendung.

Giersch-Brennnessel-Chips

Jeweils 2 – 3 Handvoll Giersch- und Brennnesselblätter, Öl, Salz, Paprika, Curry

Blätter von Giersch und Brennnessel, waschen und trockenschleudern. In einer Pfanne mit einem guten Öl kurz kross

Natur- und Gartentipp

Mit Giersch im eigenen Garten bekommt das Wort Permakultur, ein Ökosystem, das sich selbst trägt, einen Sinn. Giersch trägt zur Selbstversorgung bei und wächst ohne unser Zutun meist an Stellen, die wenig Beachtung finden, wie am Kompost, unter Hecken oder unter Beerensträuchern. Betrachten Sie diese Pflanze doch einmal ganz genau, sie hat ihren ganz eigenen Charme. Vielleicht lassen Sie auch einmal eine Pflanze stehen, um ihre filigranen Blüten zu bewundern und ihre Früchte ernten zu können. Ungewöhnlich sehen Gierschblüten als Schmuck in einer Vase und gepresst als Fensterschmuck aus.

Kräuterquiche

anbraten. Mit der Würzmischung aus Salz, Paprika und Curry kräftig abschmecken.
TIPP: Die Chips sind ein grüner Farbtupfer zu Kartoffel und Nudelgerichten. In einer alten Pfanne auf dem Lagerfeuer gebrutzelt, ein besonderes Erlebnis, gerade auch für Kinder.

Giersch-Limonade

Einige Stängel Giersch und Wiesen-Labkraut, etwas Gundermann, Pfefferminze oder Zitronenmelisse, 1 l Apfelsaft, ½ l Wasser oder Mineralwasser, Saft einer Zitrone

Kräuter waschen, kräftig ausdrücken und in den Apfelsaft geben. Mindestens 2 Stunden im Kühlen ziehen lassen. Dann die Kräuter herausnehmen und den Saft mit Wasser und Zitronensaft auffüllen.
TIPP: Versuchen Sie auch einmal Variationen mit anderen Kräutern wie Waldmeister oder mit alkoholischen Getränken wie Weißwein und Sekt.

Kräuterquiche

BODEN: 200 g Mehl, 125 g Butter, 1 Ei, etwas Salz
BELAG: 3 Handvoll Wildkräuter (vorwiegend Giersch, Brennnessel, Löwenzahn und Spitzwegerich, aber auch Sauerampfer und Labkraut), 30 g Butter, 150 g Joghurt, 200 g saure Sahne, 100 g geriebener Käse, Salz, Pfeffer, Muskatnuss

Aus den Zutaten für den Boden einen weichen Teig kneten und auf einem gefetteten, runden Backblech auslegen. Für den Belag die Kräuter waschen, trockenschleudern, in Streifen schneiden und in einer Pfanne mit der Butter andünsten. Joghurt, Sahne und Käse miteinander verrühren. Die gedünsteten Kräuter unter die Joghurtmasse heben und mit den Gewürzen abschmecken. Die Masse auf dem Teig verteilen und im Backofen bei 200 °C etwa 40 Minuten backen.
TIPP: Dazu passt ein Wildkräutersalat gut.

Von links nach rechts: Dunkelgrüne
Büschel | fein gefiederte Blätter | typische
Doldenblüten | aromatische Früchte

HÖHE: 30 bis 60 cm
BLÜTEZEIT: Mai bis Juni

SAMMELKALENDER
BLÄTTER: April bis August
FRÜCHTE: August bis September

Bärwurz
Meum athamanticum

Kleine Pflanzenkunde

Die aromatische Bärwurz, auch als Bärfen-
chel, Bärendill, Berg- oder Alpenfenchel
bekannt, aus der Familie der Doldenblütler (Apiaceae) wächst vorzugsweise auf
Wiesen, Weiden und in lichten Laub-
wäldern in den Mittelgebirgen, ab etwa
700 m. Auf mageren Böden und bei hoher
Luftfeuchtigkeit bildet sie sehr große
Bestände aus.

Ihre markanten, fein gefiederten Blätter
wachsen in Büscheln auf einem faserigen
Haarschopf aus abgestorbenen Blatt-
resten, der auf der Wurzel sitzt. Die sehr
intensiv dunkelgrünen Blätter beginnen ab
August sich orange zu verfärben. Zerrieben
verströmen sie einen würzigen Duft, der
an Liebstöckel oder Sellerie erinnert. Auf
einem spärlich belaubten, gerillten Blütenstängel sitzen die weißen, für Doldenblütler typischen Blütendolden. Sie gehen,
wie bei einem Schirm, immer von einem
Punkt aus und setzen sich aus zahlreichen
kleinen Blütenständen, den sogenannten

Döldchen mit weißen, fünfzähligen Einzelblüten zusammen. Die aromatischen,
nussbraunen, 6–10 mm langen Früchte der
Bärwurz reifen ab August.

Der Trivialname weist entweder auf
die bärige Kraft der Pflanze hin oder
bezieht sich auf das Gebären. „Wurz"
deutet darauf hin, dass auch die Wurzel
verwendet wird. Deshalb wird sie auch *die*
Bärwurz genannt (mit weiblichem Artikel).
Der Bärwurz ist dagegen der Schnaps aus
diesem Kraut.

Was steckt drin?

Bärwurz wird in der Volksheilkunde wegen
ihrer ätherischen Öle, Mineralstoffe und
Vitamine als appetitanregendes und ver-
dauungsförderndes Mittel eingesetzt. Die
Wurzel wird seit alters her in Schnapsbren-
nereien verwendet. Heutzutage wird, um
die Bestände zu schonen, zunehmend auf
Blätter und Früchte zurückgegriffen, die
ebenso für Tinkturen und Tees verwendet
werden können.

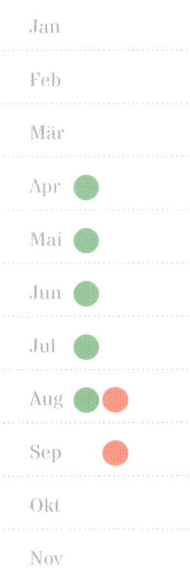

Jan
Feb
Mär
Apr
Mai
Jun
Jul
Aug
Sep
Okt
Nov
Dez

ZUR TEEHERSTELLUNG 1 TL getrocknete Blätter oder ¼ TL gequetschte Samen mit 250 ml heißem Wasser übergießen und 10 Minuten ziehen lassen, abseihen und täglich 2 – 3 Tassen trinken.

Ernten

Für die Wildkräuterküche ernten Sie die gefiederten Blätter der Bärwurz vorzugs-weise frisch. Auch die reifen Früchte können Sie im Sommer zur Frischverwendung sammeln. Die Blätter werden als Wintervorrat für Teemischungen und Kräutersalze getrocknet, ebenso wie die Früchte für Gewürzmischungen. Belassen Sie, um die Bestände zu schonen, bei der Ernte immer genügend Blätter und Früchte an der Pflanze.

Blüten und Fruchtstände gleichzeitig

Kulinarisch

Die Bärwurzblätter mit ihrem durchdringenden Aroma werden zum Würzen von Kräuterbutter, Kräuterkäse, Pesto und Suppen verwendet. Sie können pur als Brotbelag oder über Kartoffelgerichte und Eierspeisen gestreut verwendet werden. Besonders hervorzuheben ist ihre geschmacksgebende Komponente im Kräutersalz, -öl, -essig. In der süßen Kräuterküche kommt die Bärwurz zum Aromatisieren von Bowlen, Getränken und Süßspeisen zum Einsatz. Die Früchte eignen sich hervorragend als Brotgewürz und werden zu Ansatzschnäpsen und Likören verarbeitet.

Natur- und Gartentipp

Die Bärwurz ist ein klassisches Wildkraut. Schön wäre es schon, sie im eigenen Kräutergarten anzusiedeln, doch durch ihre Anpassung an Höhenlagen ab 700 m ist das ein schwieriges Unterfangen. Wenn Sie jedoch Ihr Glück versuchen wollen: In gut sortierten Gärtnereien finden Sie Samen oder Topfpflanzen. Der Frostkeimer wächst allerdings sehr langsam und legt erst ab dem dritten Jahr erkennbar an Größe zu.

Im Bayerischen Wald und im Erzgebirge wird die Wurzel der Bärwurz nach wie vor zur Destillation von Schnaps genutzt. Allerdings wird sie dazu speziell angebaut. Um die Bestände zu schonen, wird im Schwarzwald zunehmend Schnaps und Gin aus den Früchten hergestellt.

Bärwurzaufstrich

Bärwurzschnaps

1 Handvoll Bärwurzblätter oder 1 EL Früchte, ¾ l Korn (32 Vol.-%)

Bärwurzblätter klein schneiden, damit mehr Inhaltstoffe ausgezogen werden können, oder Samen im Mörser zerstoßen und in einer Flasche mit dem Schnaps übergießen. Bei Raumtemperatur 3 – 4 Wochen stehen lassen und dann abfiltern.

TIPP: Mit etwas Kandiszucker angesetzt wird ein Likör draus!

Bärwurzpaste

2 Handvoll Bärwurzblätter, Öl, Salz

Bärwurz fein wiegen oder mixen und mit Öl und Salz vermischen. In Gläser gefüllt und mit einer Schicht Öl bedeckt lässt sich die Paste als Brotaufstrich, für Salatsoßen, Dips und Nudelgerichten verwenden.

TIPP: Eine Paste ist länger haltbar als ein Pesto. Mit Nüssen und Käse kann sie jedoch im Nachhinein portionsweise zu Pesto verfeinert werden.

Bärwurzaufstrich

1 Handvoll Bärwurzblätter, Frischkäse, etwas Olivenöl und Pfeffer

Die Bärwurz fein hacken und unter den Frischkäse mischen. Mit Olivenöl und Pfeffer abschmecken und servieren.

Bärwurzsalz

Bärwurzblätter klein schneiden, im Mörser mit Salz fein mörsern und in Gläschen abfüllen.

TIPP: Mit Frischpflanzen hergestellte Kräutersalze lassen sich direkt verwenden oder können im Nachhinein auch getrocknet werden.

Von links nach rechts: Raues, lappiges Blatt | kantiger Stängel | knospige Blütenstände | Blütendolde | bis zu 1 cm große Früchte

HÖHE: 50 bis 150 cm
BLÜTEZEIT: Juni bis September

SAMMELKALENDER
BLÄTTER UND BLATTSTIELE:
April bis Oktober
BLÜTENSTÄNDE: Mai bis August
FRÜCHTE: August bis Oktober

Wiesen-Bärenklau

Heracleum sphondylium

Kleine Pflanzenkunde

Viele kennen den Wiesen-Bärenklau aus ihrer Kindheit, weil sie ihn als Hasenfutter gesammelt haben. Mit einer Wuchshöhe von bis zu 1,50 m können Sie die stattliche Pflanze aus der Familie der Doldenblütler (Apiaceae) schon von Weitem inmitten von Wiesen oder an Wald- und Heckenrändern ausmachen. Achten Sie, um Verwechslungen mit anderen Doldenblütlern auszuschließen, auf die Bestimmungsmerkmale.

Beim Wiesen-Bärenklau entwickeln sich die Blätter und Blütenstände in bauchigen Blattscheiden. Sein borstig behaarter Stängel ist kantig und rau wie ein Reibeisen. Auffallend sind seine grob-lappigen, dicht behaarten Blätter, die an eine Bärenklaue erinnern. Die für diese Familie typischen schirmartigen Dolden setzen sich aus kleinen Döldchen zusammen, an denen die weißen, fünfzähligen Einzelblüten sitzen. Beim Wiesen-Bärenklau sind die Blüten am Rand der Döldchen größer als die Blüten im Inneren. Sein Geruch

erinnert an Karotten und seine ovalen, geflügelten, bis zu 1 cm langen Früchte bitzeln zerkaut auf der Zunge. Von Giersch bis Engelwurz und Kerbel, von Petersilie bis Sellerie und Möhre tragen Doldenblütler einen großen Teil zur täglichen Ernährung bei. Allerdings gibt es auch einige giftige Vertreter in der Familie der Doldenblütler, wie beispielsweise den Schierling und die Hundspetersilie.

Ein naher Verwandter des Wiesen-Bärenklaus ist die mächtige Herkulesstaude, auch Riesen-Bärenklau (*Heracleum mantegazzianum*) genannt. Er wird bis zu 4 m hoch, hat große, spitz zulaufende Blätter und riecht äußerst unangenehm. Hautkontakt mit ihm kann eine photosensible Reaktion auslösen, die aufgrund des hohen Gehalts an Furanocumarinen zu einem blasigen Ausschlag, einer sogenannte Wiesendermatitis führen kann. Bei Kontakt die Hautstelle so schnell wie möglich abwaschen und vor Sonnenlicht schützen.

Jan

Feb

Mär

Apr

Mai

Jun

Jul

Aug

Sep

Okt

Nov

Dez

Natur- und Gartentipp

Wiesen-Bärenklau ist ein Blickfang in einer blühenden Wiese oder im Staudenbeet. Nach einem sommerlichen Rückschnitt treibt er komplett neu aus. Einige Samen der stark wüchsigen Pflanze in den Heckenbereich geworfen, erweitern die Wildgemüseernte außerhalb der Beete. Auf den blühenden Dolden ist immer etwas los. Es wimmelt meist von Fliegen, Käfern und Mücken, die wiederum Insektenjäger wie Raubwanzen und Wespen anlocken. Die gepressten Blütenteller lassen sich zur Dekoration wie filigrane Schneekristalle als winterlichen Fensterschmuck anbringen.

Deutlich schon beim Aufblühen: die größeren Randblüten der Döldchen

Was steckt drin?

In der Volksheilkunde ist der Wiesen-Bärenklau ein eher unbeschriebenes Blatt. Mit seinen ätherischen Ölen, Vitaminen und Mineralstoffen kommt er frisch als Kräftigungsmittel bei Verdauungsbeschwerden, Erkältungen und Kopfschmerzen zum Einsatz. Früher wurde er auch beim Brauen als Bierwürze verwendet. Wie der Riesen-Bärenklau enthält auch der Wiesen-Bärenklau Furanocumarine, allerdings in geringeren Mengen. Bei empfindlicher Haut kann der Kontakt mit seinem Pflanzensaft ebenfalls eine Wiesendermatitis auslösen.

Ernten

Als ergiebiges Wildgemüse werden hauptsächlich junge Blätter, saftige Blattstiele und die als Wiesenbrokkoli bezeichneten, leicht geöffneten Blütenstände geerntet. Der noch nicht verholzte Pflanzenstängel kann geschält ebenfalls verwendet werden. Die aromatischen Früchte runden den Erntezyklus des Wiesen-Bärenklaus ab.

Kulinarisch

Wiesen-Bärenklau hat ein kräftiges Aroma mit einem Hauch Süße und erinnert geschmacklich an Möhren, Sellerie und Fenchel. Blätter und Blattstiele werden zu Gemüse- und Kartoffelgerichten, Suppen, Eierspeisen und Kräuterfüllungen genutzt. Größere Blätter lassen sich wie Blattrouladen füllen. Die Stängel sind geschält als süße Rohkost oder blanchiert wie Spargel schmackhaft. Die knospigen Blütenstände werden in Butter gedämpft, als Rohkost in Salaten verwendet oder süß-sauer eingelegt. Wie Holunderblüten lassen sich die Blütenteller des Wiesen-Bärenklau in Teig ausbacken. Die Früchte können zur Aromatisierung in Kräutersalz, Brot, Getränken, Ansatzschnäpsen, Ölen und Essigen verwendet werden.

Wiesenbrokkoli

Pro Person 4 – 6 knospige Blütenstände vom Wiesen-Bärenklau (von einer Pflanze immer nur 2 bis 3 Blütenstände ernten,

Wiesenbrokkoli

damit der Pflanze noch genügend Blüten bleiben), 1 Zwiebel, etwas Butter, Kräutersalz, Pfeffer

Die Blütenstände in etwas Salzwasser etwa 3 Minuten dämpfen. In der Butter die klein geschnittene Zwiebel andünsten und den „Wiesenbrokkoli" darin schwenken. Je nach Geschmack würzen und servieren.

TIPP: Mit etwas gehobeltem Parmesan passt er gut zu den Wildkräuterspätzle (siehe Seite 127).

Wiesenchips

Blattstiele des Wiesen-Bärenklaus, Öl, Salz, Curry und Paprika

Die Blattstiele in Ringe schneiden, in Öl kross ausbacken und mit den Gewürzen kräftig abschmecken.

TIPP: Gut schmecken auch Mischungen mit Brennnessel und Giersch.

Wiesen-Bärenklau-Füllung

3 Handvoll Blätter vom Wiesen-Bärenklau, 1 Zwiebel, 2 Knoblauchzehen, 100 g geriebener Käse, ½ Zitrone, Öl, Salz

Blätter waschen, grobe Stängel entfernen, in Öl zusammen mit der klein geschnittenen Zwiebel und den zerdrückten Knoblauchzehen andünsten. Den Käse unterheben und mit den Gewürzen kräftig abgeschmeckt als Füllung für Pfannkuchen, Paprika oder Blattrouladen verwenden.

TIPP: Auch hier sind Mischungen mit Brennnessel und Giersch möglich.

Von links nach rechts: Blattrand
gesägt | Kleine Nebenblättchen und roter
Blattstiel | spiralig gedrehte Früchte

HÖHE: 50 bis 150 cm
BLÜTEZEIT: Juni bis August

SAMMELKALENDER
BLÄTTER: April bis Juni
BLÜTEN: Juli bis August

Mädesüß

Spiraea ulmaria syn. *Filipendula ulmaria*

Kleine Pflanzenkunde

Das Mädesüß, zur Familie der Rosengewächse (Rosaceae) gehörend, wächst
auf feuchten Wiesen, an Bachrändern und
Uferzonen. Aus einem kräftigen Wurzelstock entspringt ein kantiger, oben rot
überlaufener Stängel. Mit seiner cremeweißen Blütenrispe, die sich aus zahlreichen winzigen Einzelblüten zusammen-
setzt, thront das Mädesüß majestätisch
über den Wiesengräsern, was ihr den Name
„Wiesenkönigin" einbrachte. Seine unpaarig gefiederten, am Rande gesägten Blätter
sind auf der Unterseite silbrig behaart
und schließen an der Spitze mit einem
dreiteiligen Blatt ab. Ein gutes Erkennungsmerkmal sind die am Blattstiel sitzenden
kleinen Nebenblätter. Zwischen den
Fingern zerrieben verströmen Mädesüß-
blätter einen medizinischen Duft, der zu
Blühbeginn noch intensiver ist. Die Blüten
riechen süß nach Mandeln oder Honig.

Der Gattungsname *Spiraea* (von *spira* =
Spirale) bezieht sich auf die spiralig

gedrehten Früchte des Mädesüß. Der
Artname *ulmaria* weist auf die Ähnlichkeit
mit Ulmenblättern hin. Der Name Mädesüß hat mit einem „süßen Mädchen"
nichts zu tun. Er kommt von Met, im
Sinne von „Met-Süße": Früher wurde die
duftende, gerbstoffhaltige Pflanze dem
Met oder Honigwein, einem der ältesten
alkoholischen Getränke, als Aromatikum
und zur Haltbarmachung zugesetzt.

Wegen ihrer stattlichen Größe und
ihrer zarten Schönheit spielt das Mädesüß
eine zentrale Rolle im Kräuterstrauß, der
zu Mariä Himmelfahrt gebunden wird.
Bereits Königin Elisabeth I. von England
soll die „Königin der Wiese" wegen ihres
süß herben Duftes zum Aromatisieren
ihrer Räume und wegen ihrer antisepti-
schen Wirkung verwendet haben.

Im Volksglauben zog Mädesüß Glück
an, galt als ein Symbol der Unschuld
und als Heilpflanze des Milchviehs.
Früher wurden Kühe und Ziegen mit ihr
eingeräuchert und die Euter mit einem

Jan
Feb
Mär
Apr ●
Mai ●
Jun ●
Jul ●
Aug ●
Sep
Okt
Nov
Dez

Natur- und Gartentipp

Sehr schön macht sich das Mädesüß im Naturgarten, in der Randzone einer Wasserfläche oder auf einer feuchten Wiese. Dazu einige Samen im Spätsommer von einer Pflanze abstreifen und aussäen. In gut sortierten Gärtnereien kann man auch immer öfter Mädesüß als Topfpflanze kaufen, um sie auszupflanzen. Für Insekten, Falter und verschiedenste Vogelarten ist das Mädesüß eine wichtige Nahrungspflanze.

Cremeweißer Blüten- stand mit unzähligen winzigen Einzelblüten

Tee aus Mädesüßblüten gewaschen. Auch Bienenstöcke wurden mit der Blüte des Krautes beduftet, um dadurch eine gute Honigtracht der Bienen anzuregen und um sie im Stock zu halten. Ein Trick aus alter Zeit für Imker: Die Bienen sollen nicht stechen, wenn man sich mit Mädesüßblättern einreibt.

Was steckt drin?

In der Volksheilkunde wird das Mädesüß wegen seiner Gerb- und Schleimstoffe, Flavonoide, ätherischen Öle und der Acetyl-Spiraein-Säure bei Erkältungskrankheiten, Blasen- und Nierenleiden, Kopfschmerzen, rheumatischen Beschwerden, Muskelschmerzen und Gicht verwendet. Zubereitungen in Form von Tee oder Tinktur kommen dabei zum Einsatz. Am Mädesüß lässt sich gut erkennen, welch wichtige Bedeutung Pflanzen in der Entwicklung von Medikamenten haben. Aufgrund der Acetyl-Spiraein-Säure trug Mädesüß entscheidend zur Entwicklung des Aspirins bei und gab ihm durch eine

Abkürzung daraus sogar seinen Namen. In der Weidenrinde ist diese Substanz unter dem Namen Acetylsalicylsäure bekannt. Erst Ende des 19. Jahrhunderts gelang es, Aspirin synthetisch herzustellen.

ZUR TEEHERSTELLUNG 1–2 TL getrocknete Mädesüßblüten mit ¼ l kochendem Wasser übergießen, 10 Minuten ziehen lassen, abseihen und 2- bis 3-mal täglich 1 Tasse trinken. Vorsicht: Eine Überdosierung kann zu Übelkeit führen.

Ernten

Wegen ihres Duftes werden die Blütenstände des Mädesüß dann geerntet, wenn ein Großteil der Blüten noch knospig und nur ein geringer Anteil der Blüten schon geöffnet ist. Sie können frisch oder für den Wintervorrat getrocknet verwendet werden. Die ganz jungen Blätter werden nur in kleinen Mengen verwendet. Sie schmecken sehr intensiv, beinahe medizinisch.

Kulinarisch

Mädesüßblütenstände werden in der Kräuterküche zum Aromatisieren von Getränken, Kräuterweinen, Likören, Magenbitter, süßen Dessertgerichten, Gelees und Speiseeis verwendet. Die jungen Blätter eignen sich in kleinen Mengen als Würzkraut zu Salaten, Gemüsegerichten und zu Tee- und Erfrischungsgetränken.

Mädesüßsahne

5–6 Blütenstände vom Mädesüß, 200 ml Sahne

Die Blütenstände etwa 15 Minuten auf einem Tuch ausbreiten, damit sich alle Insekten entfernen können. Danach die

Blüten in der Sahne erwärmen, abkühlen lassen und durch ein Sieb gießen. Die Sahne für mehrere Stunden im Kühlschrank kalt stellen und dann in einer gekühlten Schüssel steif schlagen.
TIPP: Passt gut zu Eis, Kuchen oder Obstsalat.

Blütentee

Je nach Region und Saison unterschiedliche Blüten, gemischt oder einzeln: z. B. von Mädesüß, Rotklee, Rosen, Labkraut, Linde oder Schwarzem Holunder, Zitronensaft, Honig

Die frischen Blüten mit kochendem Wasser übergießen (pro ¼ l Wasser 2 TL Blüten), 5 Minuten ziehen lassen und mit Zitronensaft und je nach Geschmack mit etwas Honig gesüßt trinken.
TIPP: Abgekühlt ein Erfrischungsgetränk, das mit einigen Blüten dekoriert werden kann.

Mädesüßsalbe

2 Handvoll frische Mädesüßblüten, 100 ml Sonnenblumen-, Oliven- oder Mandelöl, 10 g Bienenwachs

Mädesüßblüten im Öl auf etwa 70 °C erwärmen und unter Rühren 15 Minuten ausziehen lassen. Anschließend das Auszugsöl durch ein Sieb in einen sauberen Topf abseihen. Die Blüten auspressen und das Öl mit Bienenwachs noch mal leicht erwärmen, bis dieses geschmolzen ist. Warm in Salbendöschen oder Gläschen füllen und offen abkühlen lassen, damit sich am Deckel kein Kondenswasser bildet. Nach dem Erkalten die Tiegel verschließen und mit Datum und Inhaltsangabe beschriften.
TIPP: Mädesüßsalbe wird in der Hausapotheke bei Entzündungen und Wunden verwendet.

Von links nach rechts: Schlehenbusch im
Hochzeitsgewand | nach Mandeln duftende
Blüten | blau bereifte Früchte

HÖHE: 1 bis 3 m
BLÜTEZEIT: März bis April

SAMMELKALENDER
BLÜTEN: März bis April
FRÜCHTE: September bis
November

Schlehe
Prunus spinosa

Kleine Pflanzenkunde

Die Schlehe, auch als Schlehdorn,
Heckendorn oder Schwarzdorn bekannt,
ist ein Strauch aus der Familie der Rosengewächse (Rosaceae), der jede Hecke
verzaubert. In der Regel erreicht er eine
Wuchshöhe von 1 – 3 m, einzelne Exem-
plare werden auch bis zu 6 m hoch. Das
dornige, stark verzweigte Steinobstge-
wächs ist in Hecken, Gebüschsäumen und
an Wald- und Wegrändern zu finden.

Verwandt mit Hagebutte, Weißdorn,
Apfel und Kirsche, sticht die Schlehe
mit ihrer frühen Blüte alle anderen aus.
Schon ab März, vor dem Blattaustrieb,
taucht sie dicht übersät mit zahlreichen
weißen, nach Mandeln duftenden Blüten
die Natur in ein Hochzeitsgewand. Jede
1 – 1,5 cm große Einzelblüte trägt fünf
Blütenblätter – ein typisches Merkmal
der Rosengewächse. Erst nach der Blüte
treiben die ovalen, am Rande gesägten Blätter aus. Im Herbst trumpft die
Schlehe mit ihren kugeligen, blauschwar-
zen, 1 – 1,8 cm großen Früchten auf, die

mit einer weißen Wachsschicht überzogen sind.

Das Holz der Schlehe zeichnet sich
durch große Härte aus. Bevorzugt wird es
zum Schreinern, Drechseln, Schnitzen und
für die Herstellung von Peitschenstielen
und Spazierstöcken verwendet.

Im Trivialnamen Schwarzdorn steckt
der Hinweis auf die schwarze Rinde des
Strauchs. Der Namensteil „-dorn" und der
Artname *spinosa* (= dornig) beziehen sich
auf die spitzen Dornen, die die Schlehe vor
Fressfeinden schützt. An diesen Merk-
malen kann man die Schlehensträucher
im Winter leicht erkennen. Der Name
Schlehe kommt vermutlich von *sleha*
(= blau) und bezieht sich auf die blaue
Frucht. In der Gattung *Prunus* sind alle
Steinobstarten zusammengefasst.

Was steckt drin?

In der Volksheilkunde kann die Schlehe
auf eine lange Tradition zurückblicken.
Die Blüten enthalten Flavonoide, Cumarin
sowie Blausäureglykoside und werden

Jan
Feb
Mär
Apr
Mai
Jun
Jul
Aug
Sep
Okt
Nov
Dez

bei Erkältungskrankheiten und Hautausschlägen eingesetzt. Sie wirken außerdem leicht abführend und harntreibend. Die Früchte sind vollbepackt mit Fruchtsäuren, Gerbstoffen, Bitterstoffen, Vitamin C und enthalten in den Kernen ebenfalls Blausäureglykoside. Sie kommen bei Nieren,- Blasen,- und Magenproblemen zum Einsatz. Außerdem stärken sie die körpereigenen Abwehrkräfte und haben aufgrund der Gerbstoffe eine positive Wirkung bei Hals- und Zahnfleischbeschwerden. Als Zubereitungsformen kommen Tee, Tinktur, Saft, Sirup, Mus oder Ansatzweine zum Einsatz.

ZUR TEEHERSTELLUNG 2 TL frische oder 1 TL getrocknete Blüten mit ¼ l kochendem Wasser übergießen, 10 Minuten ziehen lassen, abseihen und 2 Tassen täglich ungesüßt trinken.

Ernten

Die Blüten werden im März und April an einem sonnigen Tag gesammelt und frisch oder getrocknet verwendet. Die Früchte können ab September bis in den November hinein gesammelt werden. Reif sind sie, wenn sie sich gut vom Strauch lösen. Da Schlehen unter Kälteeinfluss Zucker bilden und danach viel

Natur- und Gartentipp

Eine artenreiche Hecke ist für das ökologische Gleichgewicht im eigenen Garten von unschätzbarem Wert. Je bunter und gemischter desto besser. Für eine „essbare" Hecke eignen sich außer der Schlehe auch Weißdorn, Hagebutte, Schwarzer Holunder, Kornelkirsche und Vogelbeere. Durch dieses Angebot halten sich Nützlinge und Schadinsekten besser im Gleichgewicht und für die eigene Wildfruchtküche steht immer etwas zur Verfügung.

Vor allem die Schlehe ist durch ihre frühe Blüte eine wertvolle Nahrungsquelle für Insekten, die im Gegenzug die Blüten bestäuben. Sie bietet zudem zahlreichen Vogelarten einen geschützten Nistplatz. Diese profitieren auch im Winter von ihr. Sie nehmen die Früchte als Winterfutter auf und sorgen durch Ausscheiden des Kerns für die Vermehrung der Schlehe.

Schlehenfrüchte erntet man im Herbst nach den ersten Frösten.

aromatischer und süßer schmecken, ist es sinnvoll sie erst nach einigen frostigen Nächten zu ernten.

Kulinarisch

Ihr besonderer Geschmack und Duft macht die Schlehe in der Wildfrüchteküche ausgesprochen interessant. Gut zu wissen, dass sich Blausäureglykoside durch Verarbeitung wie Kochen, Trocknen und Einlegen in Alkohol in Blausäure und Bittermandelöl aufspalten. Dabei verflüchtigt sich die Blausäure und übrig bleibt das beliebte Bittermandelöl. Mit Schlehenblüten würzt man Getränke, Tees, Süßspeisen und Liköre. Die rohen Früchte sind durch ihren herbsauren, adstringierenden Geschmack für den Gaumen gewöhnungsbedürftig. Durch Kochen der Früchte entsteht ein farbintensives Mus,

das zu schmackhaften Aufstrichen für Kuchen, Torten, Kompott und Chutney weiterverarbeitet werden kann. Die rohen Früchte lassen sich für Ansatzweine, Liköre oder getrocknet für Früchtetees und eingelegt als Beigabe zu Käse, Fondue oder Raclette verwerten.

Blütentrunk

2 Handvoll Schlehenblüten, ½ l Apfelsaft, ½ l Wasser oder Sprudel, 1 Zitrone
Die Blüten in den Händen kräftig andrücken (siehe Kapitel Ernten), mit dem Apfelsaft übergießen und einige Stunden ziehen lassen. Danach abseihen und mit Wasser oder Sprudel und Zitronensaft abschmecken.
TIPP: Variationen des Blütentrunks mit Blüten von Klee, Mädesüß, Labkraut und Holunder sind möglich. Mit Wein oder Sekt wird eine Blütenbowle daraus.

Schlehenblütenlikör

1 Handvoll Schlehenblüten, ¾ l Korn (32 Vol.-%), 50 g weißer Kandiszucker

Blüten und Zucker in eine Flasche geben und mit Korn aufgießen. Gute 2 Monate ziehen lassen, dabei ab und zu schütteln. Danach abfiltern und in eine dekorative Flasche füllen.

Schlehenmus

1 kg Schlehen, Wasser

Die reifen Früchte mit Wasser bedeckt aufkochen und solange köcheln, bis sich das Fruchtfleisch vom Stein löst. Um die Steine zu entfernen die gekochten Schlehen durch ein Sieb streichen. Das so gewonnene Mus kann ohne Zucker eingefroren oder heiß in Schraubdeckelgläser gefüllt aufbewahrt werden. Es eignet sich zur Weiterverarbeitung für Aufstriche, Kompott oder Chutney.

TIPP: Die Steine können gewaschen und getrocknet für ein Wärmekissen verwendet werden.

Schlehenfruchtaufstrich

Schlehenmus, Gelierzucker (1 : 1), 1 TL gemahlener Zimt, 1 Messerspitze gemahlene Nelken

Schlehenmus (siehe oben) mit entsprechender Menge Gelierzucker, Zimt und Nelken zum Kochen bringen, 2 – 4 Minuten sprudelnd kochen lassen, Gelierprobe machen und heiß in Schraubdeckelgläser füllen.

TIPP: Eine Mischung mit Apfel oder Pflaume ist geschmacklich sehr interessant. Ist das Mus sehr fest, brennt es gern an und sollte mit Apfelsaft oder Rotwein verdünnt werden.

Schlehensoße

Ein Rezept ohne Mengenangaben, ganz nach persönlicher Vorliebe: Schlehenmus, Sauerrahm, Mascarpone oder geschlagene Sahne, Zucker oder Honig, Zimt

Unter Schlehenmus (siehe links) wird Sauerrahm, Mascarpone oder geschlagene Sahne gehoben, mit Zucker oder Honig und Zimt abgeschmeckt und als Beigabe zu Obstsalat, Strudel oder Apfelkuchen verwendet.

TIPP: Ein besonderer Hingucker wegen der violetten Farbe ist die Verwendung der Soße in einem fruchtigen Tiramisu.

Knabberei für den Winter

Die reifen ganzen Früchte der Schlehe in einem Dörrapparat trocknen und als vitaminreiche Knabberei oder für Früchtetees im Winter nutzen.

Eingelegte Schlehen

1 kg Schlehen, 1 l Wasser, 1 EL Salz, 4 Zweige Thymian, 4 Lorbeerblätter, 3 – 4 Gewürznelken, 250 g Wasser

Wasser mit Salz und Gewürzen aufkochen und abkühlen lassen. Diese Gewürzlake über die gewaschenen in Gläschen gefüllten Schlehen geben. Vor der Verwendung 4 – 6 Wochen ziehen lassen.

TIPP: Die eingelegten Schlehen lassen sich wie Oliven verwenden.

Schlehenlikör

1 l Korn (32 Vol.-%), 300 g reife Schlehen, 250 g brauner Zucker, ½ Zimtstange, ½ Vanilleschote

Früchte und Gewürze in ein Glas oder eine Flasche mit großer Öffnung geben, mit dem Korn aufgießen und etwa 2 Monate

Schlehenlikör

ziehen lassen. Nach dem Abfiltern in eine dekorative Flasche füllen und mindestens noch mal 3–4 Monate reifen lassen.
TIPP: Verwenden Sie die abgegossenen, mit Schnaps vollgesaugten Schlehen als leckere Beigabe zu Obstsalaten oder Pudding. Sie sind allerdings nicht für Kinder geeignet!

Von links nach rechts: Duftende, cremeweiße
Blütendolde | warzige Rinde | schwarze Holun-
derbeeren

HÖHE: bis 8 m
BLÜTEZEIT: Mai bis Juni

SAMMELKALENDER
BLÜTEN: Mai bis Juni
FRÜCHTE: August bis September

Schwarzer Holunder
Sambucus nigra

Jan

Feb

Mär

Apr

Mai ●

Jun ●

Jul

Aug ●

Sep ●

Okt

Nov

Dez

Kleine Pflanzenkunde

Der Schwarze Holunder gehört zur Familie
der Moschuskrautgewächse (Adoxaceae)
und kommt recht häufig vor. Er wächst
in Gärten, Hecken und Gebüschen, an
Böschungen und Waldrändern. Erkennungs-
merkmale sind seine sparrig verzweigten
Äste, seine warzige Rinde und seine gefiederten, streng riechenden Blätter.

In der Blütezeit fällt der Holunder
durch seine cremeweißen, tellerförmigen,
10 – 12 cm großen, doldig-rispigen Blütenstände auf. Ab August reifen die glänzenden, schwarzen Holunderfrüchte heran,
botanisch gesehen sind es Steinfrüchte.
Vorsicht ist geboten! Die Früchte des
Holunders müssen gekocht werden, sie
sind für den Rohverzehr nicht geeignet, da
sie ein blausäureabspaltendes Glykosid,
das Sambunigrin, enthalten. Dieses kann
in größeren Mengen zu Übelkeit, Erbrechen und Durchfall führen.

Der Name Holunder ist aus dem Althochdeutschen *holatar* (= hohler Baum)
abgeleitet. Unter regional unterschiedlichen Namen wie Deutscher Flieder, Flie-
derbeerbaum, Elderbaum oder Husholder
ist er auch bekannt.

Im Volksglauben wurde der Holunder
als Wohnsitz für die guten Hausgötter
verehrt. Es durfte nicht Hand an ihn
gelegt werden. Im Gegenteil, sein Fällen
konnte Unheil über Haus und Hof bringen. Nicht von ungefähr steht an beinahe
jedem alten Bauernhaus auch heute
noch ein Hollerbusch, wurde er doch
als „Apotheke des armen Mannes"
bezeichnet. Auch in der Redewendung
„Vor dem Holunder zieh den Hut herunter" drückt sich die Hochachtung vor
dem Holler bis in die heutige Zeit aus.
Außerdem stand er im Ruf Krankheiten
zu übernehmen. Bei Zahnschmerzen
wurde deshalb in die Rinde gebissen.
Auch wurde ein heilender Spruch an
einen Ast gebunden, wodurch das Fieber
eines Kranken auf den Hollerbusch über-
tragen werden sollte.

Die Beeren müssen zur Ernte ganz schwarz sein.

Was steckt drin?

In der Volksheilkunde ist Holunder ein geschätztes Hausmittel. Die Blüten enthalten ätherische Öle, Flavonoide, Schleim- und Gerbstoffe und werden wegen ihrer schweißtreibenden und fiebersenkenden Eigenschaft bei Erkältungskrankheiten verwendet. Die Holunderfrüchte entwickeln durch ihren hohen Gehalt an Anthocyanen, ätherischen Ölen und Vitaminen eine antioxidative Wirkung und stärken das Immunsystem.

ZUR TEEHERSTELLUNG 2 TL getrocknete Holunderblüten mit ¼ l kochendem Wasser übergießen, 10 Minuten ziehen lassen, abgießen und als Schwitztee in der zweiten Tageshälfte sehr heiß trinken.

Ernten

Schneiden Sie die Blütenstände zur Frischverwendung komplett ab. Zum Trocknen für Teegetränke entfernen Sie die groben Blütenstängel mit einer Schere und legen die kleinen Blütenstände auf einem Tuch aus. So können Sie auch den Blütenstaub auffangen. Die vollreifen Holunderbeeren werden nach der Ernte mit einer Gabel von den Rispen gestreift und weiterverarbeitet.

Kulinarisch

Der Holunder ist eine besondere Delikatesse in der Wildfruchtküche. Die Blüten werden zu Sirup und Gelee verarbeitet, zu Holunderblütenlimonade, Wein und Blütenessig oder es werden Hollerküchle aus ihnen gebacken. Zur essbaren Dekoration werden die Blüten von den Stielen gezupft und über Obstsalat und würzige Gerichte wie Suppen gestreut. Die Holunderbeeren verarbeiten Sie durch Kochen und Dampfentsaften zu Mus, Sirup, Holunderbeersaft, Fruchtaufstrichen und Punsch weiter.

Holunderblütengelee

**20 frische Holunderblütenstände,
1 l Wasser, 1 kg Gelierzucker (1 : 1),
Saft von 1 – 2 Zitronen**

Die Holunderblütenstände in Wasser aufkochen. Den Sud über Nacht stehen lassen, dann die Blüten abseihen. ¾ l Flüssigkeit mit dem Gelierzucker und dem Zitronensaft in einem großen Topf zum Kochen bringen. 4 Minuten sprudelnd kochen lassen. Gelierprobe machen. Heiß in Schraubdeckelgläser füllen und sofort verschließen.

TIPP: Zum Dekorieren einige Holunderblüten ins Glas legen.

Natur- und Gartentipp

Platz für einen Hollerbusch in einer Naturhecke bietet selbst ein kleiner Garten. Wo viel Platz ist, kann man ihn als Solitärstrauch pflanzen. Dabei kommen seine duftenden Blüten gut zur Geltung. Auf den Blüten tummeln sich vorwiegend Käfer und Fliegen, eine Bienenweide ist der Holunder nicht. Seine reifen Beeren bieten Nahrung für viele Singvögel, die auch für die Verbreitung der Samen sorgen. Auch als Nistplatz wird der Strauch von ihnen gerne angenommen. Aus dem Holz des Holunders lässt sich das weiche Mark leicht herausdrücken. Diese Eigenschaft macht ihn zu einem interessanten Naturspielzeug um Boote, kleine Vasen, Blasrohre, Windorgeln oder Flöten zu basteln.

Holunderblütengelee

Holunderbeersaft

Holunderbeeren mit einer Gabel von den Stängeln streifen und in einem Dampfentsafter entsaften. Alternativ die Beeren in einem Kochtopf mit etwas Wasser aufkochen und, um den Saft aufzufangen, den Fruchtbrei durch ein Tuch oder Sieb abtropfen lassen. Den Saft heiß in Flaschen füllen und entsprechend weiterverwenden.

Holunderbeeraufstrich

¾ l Holunderbeersaft (siehe oben),
1 – 2 Zitronen, 1 kg Gelierzucker (1 : 1)
Holunderbeersaft mit Zitronensaft und Gelierzucker zum Kochen bringen. 4 Minuten sprudelnd kochen lassen. Vorsicht, es schäumt stark auf, unbedingt einen großen Kochtopf verwenden. Gelierprobe machen, heiß in Schraubdeckelgläser füllen und sofort verschließen.
TIPP: Ersetzen Sie ein Drittel des Saftes durch Apfelsaft, dadurch geliert der Aufstrich besser.

Holunderpunsch

Holunderbeersaft (siehe links),
Wasser, Apfelsaft oder Kräutertee,
Nelken, Ingwer, Zimt
Holunderbeersaft mit Wasser, Saft oder Tee 1 : 1 mischen und erhitzen, mit Nelken, etwas Ingwer und Zimt würzen. Das Getränk 10 Minuten ziehen lassen, nicht kochen und nach dem Abgießen möglichst heiß trinken, was einen besonders wärmenden Effekt hat. Je nach Geschmack mit etwas Honig süßen.

Holunderküchle

12 – 15 Holunderblütenstände,
200 g Mehl, 2 Eier, ¼ l Milch, etwas Öl
Die Blüten auslegen, damit sich alle Insekten entfernen können. Aus Mehl, Eiern und Milch einen Pfannkuchenteig rühren. In einer Pfanne das Öl erhitzen, die Blütenstände in den Teig tauchen und im heißen Öl ausbacken. Die ausgebackenen Küchle auf einem Küchenkrepp abtropfen lassen und mit Zimt und Zucker bestreut servieren.

Von links nach rechts: Kugelige Blüten-
stände | leuchtend rote Früchte, die wie
Äpfelchen aussehen

HÖHE: 3 bis 15 m
BLÜTEZEIT: Mai bis Juni

SAMMELKALENDER
FRÜCHTE: August bis Oktober

Vogelbeere
Sorbus aucuparia

Jan
Feb
Mär
Apr
Mai
Jun
Jul
Aug ●
Sep ●
Okt ●
Nov
Dez

Kleine Pflanzenkunde

Die Vogelbeere oder Eberesche ist ein
dekorativer, 10 – 15 m hoher Baum aus der
Familie der Rosengewächse (Rosaceae).
Als Pioniergehölz besiedelt sie sonnige,
offene Standorte in Mischwäldern, an
Waldrändern, auf Kahlschlägen und Wind-
wurfflächen.

Zwischen Mai und Juni ist sie mit
kugeligen, cremefarbenen Blütenrispen
übersät. Diese setzen sich aus zahlreichen fünfzähligen Blüten zusammen. Ab
August sind ihre Zweige schwer bepackt
mit leuchtend roten, bis zu 1 cm großen
Früchten, die wie kleine Äpfelchen aussehen, botanisch gesehen sind es tatsächlich Apfelfrüchte. Die bis zu 25 cm langen
Laubblätter der Vogelbeere bestehen aus
länglichen Fiederblättchen. Die Blätter
werden als unpaarig gefiedert bezeichnet,
da sich die Fiederblättchen mit Ausnahme
eines einzelnen Blättchens an der Spitze
paarweise gegenüberstehen. Am Rand ist
jedes Blättchen, bis auf das untere Drittel
scharf gezähnt.

Die Namen Drosselbeere, Merlenkirsche
oder Krammetskirsche weisen darauf
hin, dass Vögel gerne auf die Früchte als
Futterquelle zurückgreifen. Zudem wurden
Vogelbeeren früher zum Vogelfang verwendet. Aus *aves capere* (= Vögel fangen) wurde
aucuparia. Beim Namen Eberesche steht
das Wort „eber" für „aber" oder „falsch",
also „Falsche Esche". Es liegt die Vermutung nahe, dass dieser Name sich auf die
Ähnlichkeit mit den Blättern der Gewöhnlichen Esche (*Fraxinus excelsior*) bezieht.

Da die Früchte der Vogelbeeren getrocknet ihre rote Farbe behalten, eignen sie
sich hervorragend zur Ausschmückung
von Türkränzen, Trockengestecken und
Kräutersträußen. Aufgefädelt werden sie
zur Naturhalskette für Kinder. Das Holz der
Vogelbeere wird für Drechsler-, Schreiner-
und Wagnerarbeiten sowie für feine Schnit-
zereien und Kunstgegenstände geschätzt.

Was steckt drin?

Die Vogelbeere ist entgegen ihrem Ruf
nicht giftig. In großen Mengen roh ver-

Die leuchtend roten Früchte schmecken herb und müssen gekocht werden.

zehrt können die gallenbitteren Früchte jedoch zu Erbrechen und Durchfall führen. Verantwortlich dafür ist die Parasorbinsäure, die sich durch Kochen, Trocknen und Einlegen allerdings abbaut. Vogelbeeren-Früchte enthalten mehr Vitamin C als Zitronen, dazu Gerbstoffe, Zitronen- und Apfelsäure, Pektin und Carotinoide.

In der Volksheilkunde werden sie wegen ihrer positiven Wirkung bei Gicht und Rheuma geschätzt. Sie gelten zudem als mild abführend und harntreibend. Die zu Mus gekochten Früchte kommen auch bei Magenverstimmungen, Appetitlosigkeit und Erkältungskrankheiten zum Einsatz.

ZUR TEEHERSTELLUNG 1 EL getrocknete und zerkleinerte Früchte mit ¼ l kochendem Wasser übergießen, 15 Minuten zugedeckt ziehen lassen und 1 – 2 Tassen pro Tag trinken.

Ernten

Die Früchte der Vogelbeere sind ab Mitte August erntereif. Zur Ernte werden die ganzen Fruchtstände abgeschnitten, die Früchtchen abgestreift und weiterverarbeitet.

Kulinarisch

Vogelbeeren werden in der Früchteküche zur herb-fruchtigen Delikatesse. Durch Kochen, Trocknen und Einlegen in Alkohol baut sich die Parasorbinsäure zu Sorbinsäure um. Diese schmeckt nicht nur gut, sondern dient auch als natürliches Konservierungsmittel. So werden die gekochten Früchte zu Mus, Fruchtaufstrichen, Saft und Kompott verarbeitet. Mischungen mit Äpfeln oder Birnen ergeben ebenfalls einen guten Geschmack. Zu Vogelbeerschnaps, Likör, Früchteessig oder zum Trocknen als fruchtige Knabberei oder für einen Früchtetee können sie ohne Kochen genutzt werden.

Vogelbeermus

1 kg Vogelbeeren, Wasser

Vogelbeeren mit Wasser bedeckt aufkochen, etwa 15 Minuten zu Mus kochen und durch ein Sieb streichen. Das so gewonnene Mus kann ohne Zucker eingefroren oder heiß in Schraubdeckelgläser gefüllt aufbewahrt werden. Es eignet sich zur Weiterverarbeitung für Aufstriche, Kompott oder Chutney.

TIPP: Mit etwas Honig gesüßt passt das Mus als Kompott beispielsweise zu Reibekuchen.

Natur- und Gartentipp

Ob auf der Wiese oder im Garten, bei genügend Platz hat ein freistehender Vogelbeerbaum das ganze Jahr über etwas zu bieten. Er überzeugt durch seine schöne Wuchsform, seine Fiederblättchen im Frühling, ergänzt von den weißen Blüten, den roten Früchten im Spätsommer, bis zu seinem gelben Laub im Herbst. Als schnellwüchsiges, heimisches Gehölz fügt er sich auch gut in eine bunte Hecke ein. Vogelbeeren sind wichtige Futterquellen für Vögel. Für den Winter lassen sich die Früchte in Kokosfett mit anderen Wildfrüchten und Nüssen zu Futterknödeln verarbeiten. Wer die Vogelbeere vor allem für die Früchteküche pflanzen will, kann in einer Baumschule zur Mährischen Vogelbeere (*Sorbus aucuparia* var. *edulis*) greifen. Ihre Beeren schmecken etwas weniger herb und bitter als die der Wildform.

Vogelbeerchutney

Vogelbeeraufstrich

**1 kg Vogelbeermus (siehe links), Gelier-
zucker (1 : 1), 1 TL gemahlener Zimt,
1 Messerspitze gemahlene Nelken**

Vogelbeermus mit entsprechender Menge
Gelierzucker, Zimt und Nelken zum
Kochen bringen, 2 – 4 Minuten sprudelnd
kochen, Gelierprobe machen und heiß in
Schraubdeckelgläser füllen.
TIPP: Damit das Mus nicht anbrennt, kann
es mit Apfelsaft verdünnt werden.

Vogelbeergelee

Vogelbeeren, Wasser, Gelierzucker (1 : 1)

Die Vogelbeeren mit Wasser bedeckt
weich kochen und den Saft durch ein
Passiertuch abtropfen lassen oder einen
Dampfentsafter verwenden. Den so
gewonnenen Vogelbeersaft mit Gelierzucker zum Kochen bringen, 4 Minuten
sprudelnd kochen, Gelierprobe machen
und heiß in Schraubdeckelgläser füllen.
TIPP: Der Vogelbeersaft gemischt mit
anderen Fruchtsäften und wärmenden

Gewürzen wie Zimtstange, Sternanis und
Kardamom eignet sich für einen Punsch.

Getrocknete Vogelbeeren

Reife Vogelbeeren auf einem Gitterrost
oder in einem Dörrapparat trocknen und
als vitaminreiche Knabberei im Winter
und für Früchtetees nutzen.

Vogelbeerchutney

**200 g Vogelbeeren, 2 Äpfel, 1 Zwiebel,
150 g brauner Zucker, 1 / 8 l Apfelsaft
oder Weißwein, ½ Zimtstange, geriebene
Muskatnuss, gemahlener Ingwer, etwas
Chilipulver**

Vogelbeeren mit geschälten und ent-
kernten Äpfeln in einen Topf geben und
mit der klein geschnittenen Zwiebel,
dem Zucker, dem Saft oder Wein und den
Gewürzen weich kochen, dabei ständig
rühren. Das Chutney mit einem Stabmixer
pürieren, heiß in Schraubdeckelgläser
füllen und verschließen.
TIPP: Passt gut zu Käse.

Von links nach rechts: Scharbockskraut
bildet Bestände unter Hecken | herzförmige
Blätter | leuchtend gelbe Blüten

HÖHE: 5 bis 15 cm

BLÜTEZEIT: April bis Mai

SAMMELKALENDER

BLÄTTER: Februar bis April

Scharbockskraut
Ranunculus ficaria

Jan

Feb ●

Mär ●

Apr ●

Mai

Jun

Jul

Aug

Sep

Okt

Nov

Dez

Kleine Pflanzenkunde

Ab Anfang Februar zeigen sich die saftig-
grünen Blätter des Scharbockskrauts
unter Gebüschen und laubabwerfenden
Hecken als eines der ersten essbaren Frühlingskräuter. Seine herzförmigen, fettig
glänzenden Blättchen haben ihm Namen
wie Schmalzblatt, Spiegelblume oder Glit-
zerli eingebracht. Sobald es blüht, ist das
Scharbockskraut nicht mehr zu übersehen. Die 2 – 3 cm großen, gelben, sternförmigen Blüten, bestehen aus acht bis zwölf
einzelnen Blütenblättern und leuchten
einem regelrecht entgegen. Kleine, weiße
Knöllchen in den Achseln der Stängelblätter sind ein gutes Erkennungsmerkmal der
an den Boden gedrückten Pflanze. Diese
sogenannten Brutknöllchen sowie unterir-
dische Wurzelknollen dienen der vegetati-
ven Vermehrung des Scharbockskrauts, da
es sich im zeitigen Frühjahr nicht sicher
auf Bienen und Hummeln zur Bestäubung
und somit auf eine Vermehrung durch
Samen verlassen kann. Mit dem Blattaustrieb der Hecken und Sträucher zieht sich
das Scharbockskraut zurück. Die Blättchen
vergilben sehr schnell und sind ab Mai
gänzlich verschwunden.

ACHTUNG: Das Scharbockskraut gehört
zur Familie der Hahnenfußgewächse
(Ranunculaceae). Einige Vertreter aus dieser Familie wie etwa Buschwindröschen,
Kriechender Hahnenfuß, Küchenschelle
und Eisenhut haben das Alkaloid Protoanemonin in sich, was sie ungenießbar bis
stark giftig macht. Das Scharbockskraut
hingegen lagert dieses Protoanemonin
nur in geringen Mengen und erst während
und nach der Blüte ein. Zudem kann
der Gehalt des Protoanemonins je nach
Bodenbeschaffenheit variieren. Deshalb
ist es sehr wichtig, die frischen Blättchen
vor der Blüte zu essen, da es sonst zu
Schleimhautreizungen kommen kann.

   Das Scharbockskraut steht der Über-
lieferung nach mit seinem Namen Pate
für die Seefahrerkrankheit Skorbut. Das
Wort Skorbut leitet sich vom holländi-

Die Blätter werden vor dem Erscheinen der Blüten geerntet.

schen Wort *Scheurbut* (= reißende Knochen) ab, aus dem sich im deutschen Sprachgebrauch zunächst Scharbock und später Skorbut entwickelt haben soll. Diese Vitamin-C-Mangelerkrankung entstand durch monatelange einseitige Ernährung auf See, die vor allem aus Zwieback und Pökelfleisch bestand. Obwohl von Vitaminen zu dieser Zeit noch nichts bekannt war, zeigte die Erfahrung, dass die Krankheit bei entsprechender Ernährung ausblieb. Deshalb wurden auf langen Seereisen vor allem Kräuter wie das Scharbockskraut, aber auch Sauerkraut und lagerfähiges Obst mitgenommen.

Was steckt drin?

Wegen seines hohen Vitamin-C-Gehalts von bis zu 200 mg in 100 g frischen Blättern wird das Scharbockskraut frisch verwendet. Nach dem Motto „Dein Nahrung soll dein Heilmittel sein" ist es bei Frühjahrsmüdigkeit und zur Aktivierung des Immunsystems hilfreich. Das Scharbockskraut enthält zudem Gerbstoffe und Saponine und wird in der Volksheilkunde in Frühjahrsteekuren, bei Hautunreinheiten und Hämorrhoiden verwendet.

ZUR TEEHERSTELLUNG 2 TL frische Blätter des Scharbockskrauts (vor der Blüte geerntet!) mit ¼ l Wasser übergießen, zum Sieden bringen, abseihen und schluckweise über den Tag verteilt trinken.

Ernten

Schneiden Sie die jungen Blättchen des Scharbockskrauts vor der Blüte am besten mit einer Schere ab und verwenden SIe diese ausschließlich frisch.

Kulinarisch

Mit ihrem nussigen Geschmack werden die Scharbockskrautblättchen in der Wildkräuterküche als Würzkraut für Kräuteröle und -essige verwendet. Sie schmecken auch gut zu Salaten, Kräuterquark, Kräuterbutter und Frischkäse oder werden einfach aufs Butterbrot gelegt.

Natur- und Gartentipp

Unter allen laubabwerfenden Hecken siedelt sich das Scharbockskraut gerne an. Kommt es nicht von allein, stecken Sie einfach einige Wurzelausläufer in die Erde. Da es ab Mai verschwunden ist, macht es weiterem Bewuchs den Platz nicht streitig. Doch bietet es sich verlässlich im nächsten Frühjahr wieder an. Die gelben Blüten sind für Bienen und Hummeln eine frühe Nahrungsquelle. Am Grund der Blüten sitzen kleine Honigdrüsen, die sie mit energiereichem Nektar beliefern. Die Samen sind mit einem öligen Anhängsel, dem Elaiosom, ausgestattet und werden deshalb von Ameisen als Nahrung mitgenommen. Da unterwegs immer mal was verloren geht, sorgen sie auf diese Art für die Verbreitung des Scharbockskrauts.

Wildkräuterbratlinge

Auch in einem Vitamintrunk zusammen mit anderen Kräutern oder Früchten wird der Vitamin-C-Lieferant sehr geschätzt.

Frühlingssalat

2 Handvoll Blätter von Scharbockskraut, Wiesen-Schaumkraut, Löwenzahn, Brunnenkresse und Giersch, 1 Salat der Saison, 1 Zwiebel, Essig, Öl, Senf, Salz, Pfeffer

Marinade aus Essig, Öl, Senf und Gewürzen zubereiten. Kräuter und Salat waschen, in mundgerechte Stücke zerzupfen und mit der klein geschnittenen Zwiebel und der Marinade vermischen.

TIPP: Zur Dekoration eignen sich ein paar Radieschenscheiben oder ein hartgekochtes, in Scheiben geschnittenes Ei.

Grüner Cocktail

Ein paar Blättchen Scharbockskraut, jeweils etwas Garten-Schaumkraut, Vogelmiere und Wiesen-Labkraut, 1 Apfel, 1 Birne, etwas Zitronensaft, Honig nach Geschmack

Obst waschen, entkernen, klein schneiden und mit den gewaschenen Kräutern im Mixer oder mit dem Pürierstab pürieren. Mit etwas Zitronensaft und Honig abschmecken.

TIPP: Die fruchtig-würzige Vitaminspritze kann mit Scharbockskrautblättchen und einer Zitronenscheibe dekoriert serviert werden.

Wildkräuterbratlinge

2 Handvoll Scharbockskrautblätter, 1 Zwiebel, etwas Öl, 2 Eier, 3 – 4 EL Vollkornmehl, Kräutersalz, Paprika, Pfeffer

Die gewaschenen Blättchen grob hacken und mit der klein geschnittenen Zwiebel in Öl andünsten. Etwas abkühlen lassen. Mit Ei und Mehl zu einem Teig verrühren und mit den Gewürzen abschmecken. Bratlinge daraus formen und in einer Pfanne von beiden Seiten knusprig ausbacken.

TIPP: Dieses Rezept eignet sich sehr gut in Variationen mit anderen Kräutern und zum Löwenzahnsalat (Seite 83).

Von links nach rechts: Blattrosette: Löwenzahn wächst überall | Knospen in Blattrosette | Blütenknospe | voll erblüht | Pusteblume | „Mönchskopf"

HÖHE: 5 bis 50 cm
BLÜTEZEIT: März bis Mai

SAMMELKALENDER
BLÄTTER: März bis November
BLÜTEN: April bis Mai
WURZEL: September bis März

Löwenzahn
Taraxacum officinale

Kleine Pflanzenkunde

Wenn im April der Löwenzahn üppig blüht, ist der Frühling endlich da. Seine leuchtend goldgelben Blütenköpfe sitzen auf einem hohlen, blattlosen Stängel, der Milchsaft führt. Die vielgestaltigen Blätter des Löwenzahns zeigen sich allerdings schon lange vor der Blüte. Sie bilden eine Rosette, sind je nach Lichteinfluss mehr oder weniger gezackt und erinnern an die Zähne eines Löwen. Mit einer kräftigen, bis zu 30 cm langen Pfahlwurzel, verankert sich die vitale Pflanze tief im Boden.

Der Löwenzahn gehört zur Familie der Korbblütler (Asteraceae) und ist verwandt mit vielen Gartenlieblingen wie Sonnenblumen, Ringelblumen, Astern und Gänseblümchen. Schaut man sich die Blüte des Löwenzahns näher an, stellt man schnell fest, dass es nicht nur eine einzige Blüte ist, sondern unzählige Einzelblüten in einem Körbchen sitzen. Es handelt sich dabei um Zungenblüten mit jeweils fünf Staubgefäßen. Ihr Pollen bleibt an den Bauchhaaren von Bienen haften und wird so zur benachbarten Blüte transportiert. Löwenzähne sind regelrechte Überlebenskünstler. Jedes Samenkorn hat einen eigenen Flugschirm, den sogenannten Pappus.

Am besten gedeiht Löwenzahn auf fruchtbaren Böden und in nährstoffreichen Wiesen und Weiden.

Was steckt drin?

Der zu Unrecht als Unkraut bezeichnete Löwenzahn ist eine sehr alte Heilpflanze. Sein Gattungsname *Taraxacum* steht für „bitteres Kraut" und Pflanzen mit dem Artnamen *officinale* gelten als angesehene Heilpflanzen. Die Kuhblume, Bitterblume, der Bettseicher oder die Butterblume, wie ihre regional unterschiedlichen Namen lauten, hat ihre Hauptwirkung im Magen-Darm-Bereich. Ihre Bitterstoffe kombiniert mit Gerbstoffen, Vitaminen, Mineralstoffen und Spurenelementen regen die Verdauung, die Nierentätigkeit und die

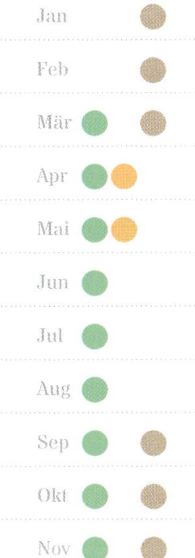

Jan
Feb
Mär
Apr
Mai
Jun
Jul
Aug
Sep
Okt
Nov
Dez

Produktion von Gallensaft an und stimulieren das Immunsystem. So kommt die Heilpflanze in der Volksheilkunde unter anderem bei Verstopfung, Völlegefühl und Blähungen, bei Appetitlosigkeit und bei Harnwegsinfekten in Form von Tee, Tinktur und frischem Presssaft zum Einsatz.

ZUR TEEHERSTELLUNG 1 – 2 TL frische Löwenzahnblätter und Blüten mit ¼ l Wasser zum Kochen bringen, 10 Minuten ziehen lassen, dann abgießen und 2-mal täglich 1 Tasse trinken.

Bester Erntezeitbunkt der Löwenzahnblüten

Ernten

Beginnen Sie die Löwenzahnernte im zeitigen Frühjahr, wenn die Blätter sehr saftig und nicht ganz so bitter sind. So gewöhnt sich Ihr Gaumen an die Bitterstoffe und die später geernteten Blätter werden Ihnen, auch wenn sie größer und bitterer sind, trotzdem munden. Ernten Sie die Blütenkörbchen nur an sonnigen Tagen, wenn sie geöffnet sind. Idealer Erntezeitpunkt ist, wenn die Blütenstandsmitte noch geschlossen ist. Diese Mitte sieht wie ein kleiner gelber Stempel aus. Die Wurzeln können vom Herbst bis zum Austrieb im Frühjahr gestochen werden.

Spiele rund um den Löwenzahn

Diese vitale Pflanze trägt dazu bei, die Natur begreifbar zu machen. Kinder sind fasziniert von der Pusteblume, wenn jedes einzelne Samenkorn an einem eigenen Fallschirm davonsegelt. Den meisten Menschen fällt beim Stichwort Löwenzahn irgendein Spiel ein: Es werden Kränze

Natur- und Gartentipp

Der Löwenzahn wächst überall. Er wird von keiner Schnecke gefressen und muss auch nicht ausgesät werden. Die Blüten sind eine hervorragende Bienenweide. Für 1 kg Frühtracht-Honigernte besuchen die fleißigen Bienen über 100 000 Löwenzahnblüten. Blühende Wiesen sind selten geworden, aufgeräumte Natur ist an der Tagesordnung. Doch wie sollen sich Schmetterlinge und ihre Raupen, Wildbienen und Hummeln ernähren, wenn die Nahrungsgrundlage dauernd abgemäht wird, und wie können sich Pflanzen vermehren, wenn die Blütenbestäuber fehlen? Es ist dringend notwendig, der Natur freien Lauf zu lassen. In einer naturbelassenen Wiese gehört der Löwenzahn mit seinen Blüten einfach dazu und wo nicht gemulcht und gedüngt wird, stellt sich von allein eine artenreiche, bunte Wiesengesellschaft ein.

Gesunder Salat wächst
auf der Wiese.

geflochten oder die elastischen Stängel ineinandergeschoben ergeben eine Wasserleitung. Und wenn man die Enden einritzt und ins Wasser hält, entstehen seltsame Gebilde aufgrund des gestörten Wasserdrucks. Manche bringen es sogar fertig, aus den Stängeln ein Brillengestell zu basteln.

Eine Pusteblume gegen das Licht gehalten, wirkt wie ein Kunstwerk, und wer es schafft die Samen mit einem Mal wegzupusten, ist ein Glückskind. Bleiben jedoch Samen zurück, so kann man damit wunderbar orakeln. Ein Höhepunkt ist das Wiesenkonzert, das erklingt, wenn auf den Stängeln wie auf Trompeten geblasen wird.

Löwenzahnsalat

Kulinarisch

Löwenzahn auf dem Speiseplan, das
ist Salat essen ohne zu säen. Seine
Bitterstoffe machen den Löwenzahn so
gesund, sie gelten als Fatburner, da sie
die Fettverdauung ankurbeln und als
wirkungsvolle Essbremse das Sättigungs-
gefühl aktivieren. Deshalb kommt die
„Bitterblume" frisch geerntet auf den
Tisch. Als reiner Löwenzahnsalat, für diejenigen die Bitterstoffe gewöhnt sind, oder
als Beigabe zu anderen Blattsalaten sowie
im Kartoffelsalat. Die Knospen kann man
als falsche Kapern einlegen oder in einer
Pfanne in Butter dünsten.

Löwenzahnblüten schmecken direkt
von der Wiese in den Mund. Sie landen
ausgezupft als Dekoration auf Blattsalaten, Butterbroten und im Kräuterquark oder werden komplett zu Gelee
oder Löwenzahnhonig verarbeitet. Die
Wurzeln werden als Gemüse verwendet
oder man setzt einen Magenbitter damit
an. Geröstete und gemahlene Löwen-
zahnwurzelstücke ergeben einen koffein-
freien Kaffeeersatz.

Omas Löwenzahnhonig

**1 Litermaß Löwenzahnblüten, Wasser,
Zucker, 1 Zitrone**
Löwenzahnblüten, die in der Blüten-
mitte noch geschlossen sind, sammeln.
Die Blüten nicht waschen, sondern auf
einem Leintuch auslegen, damit sich alle

abschaben. Die Wurzeln klein schneiden und in einer Pfanne oder im Backofen rösten, bis sie sich kaffeebraun verfärbt haben und einen typischen Röstgeruch verströmen. Danach in einer Kaffeemühle fein mahlen. 1 TL dieses Pulvers reicht für 1 Tasse Kaffee. Diesen brüht man genau wie Bohnenkaffee auf.

TIPP: Sieht aus wie Kaffee, riecht wie Kaffee, schmeckt allerdings bitterherb und gewöhnungsbedürftig. Um in den Vorteil von Kaffeegeschmack und der Wirkung der Bitterstoffe zu kommen, kann normaler Kaffee mit Löwenzahnwurzelkaffee gemischt werden.

Löwenzahnsalat wie im Elsass

FÜR DEN SALAT: 3 Handvoll Löwenzahnblätter, 30 g Speckwürfel, 1 Zwiebel
FÜR DIE SOSSE: 4 EL Öl, 2 EL Essig, 1 EL Senf, Salz, Pfeffer, 1 mittelgroße gekochte Kartoffel, etwas Crème fraîche, 1 gekochtes Ei

Die gewaschenen und trockengeschleuderten Löwenzahnblätter in mundgerechte Stücke teilen. Den Speck in einer Pfanne auslassen und die gewürfelte Zwiebel kurz dazugeben. Für die Salatsoße Essig, Öl und Gewürze miteinander vermischen und die gekochte, mit einer Gabel zerdrückte Kartoffel unterrühren. Die Salatsoße mit etwas Crème fraîche sämig rühren und den Löwenzahn unterheben. Zum Schluss das in Würfel geschnittene Ei unter den Salat mischen.

TIPP: Dieses Rezept wurde mir bei einer Kräuterführung von Gästen aus dem Elsass mündlich überliefert. Dort wird der Löwenzahn als Pissenlit oder Bettseicher bezeichnet.

Insekten entfernen können. Die Blüten mit Wasser bedeckt aufkochen und 10 Minuten köcheln lassen. Den Sud über Nacht stehen lassen, durch ein Sieb filtern und mit Zucker im Verhältnis 1 : 1 und dem Zitronensaft unter Rühren bei kleiner Flamme einköcheln lassen. Die Masse ist fertig, wenn sie zäh wie Honig ist. Noch heiß in Schraubdeckelgläser füllen und verschließen.

TIPP: Schmeckt ähnlich wie Bienenhonig, deshalb direkt aufs Butterbrot streichen oder einen Obstsalat damit süßen.

Löwenzahnwurzelkaffee

Einige Löwenzahnwurzeln ausstechen, gründlich säubern und die Rinde etwas

Von links nach rechts: Blatt mit lichtdurchlässigen Öldrüsen, sehen aus wie kleine „Löcher" | gepunktete Blütenknospen | goldgelbe Einzelblüte

HÖHE: 30 bis 80 cm
BLÜTEZEIT: Juni bis August

SAMMELKALENDER
BLÄTTER UND TRIEBSPITZEN:
April bis August
BLÜTENSTÄNDE: Juni bis August

Echtes Johanniskraut
Hypericum perforatum

Kleine Pflanzenkunde

Das Echte Johanniskraut ist eine der bekanntesten Mittsommerpflanzen. Seine Blütezeit beginnt Mitte Juni und dauert je nach Standort bis in den August hinein. Die gegenständig angeordneten Blätter sind eiförmig und gegen das Licht gehalten sehen sie wie durchlöchert (perforiert) aus, worauf der Artname *perforatum* zurückzuführen ist. Es handelt sich dabei um winzige Sekretbehälter, die ätherische Öle und Harze enthalten und lichtdurchlässig sind. Ein gutes Erkennungsmerkmal ist auch der zweikantige Stängel des Johanniskrauts, da er im Pflanzenreich selten vorkommt. Die meisten Kräuter haben runde oder vierkantige Stängel. Im Blütenstandsbereich sind die Stängel des Johanniskrauts stark verzweigt. Seine vielen goldgelben Blüten mit ihren fünf Blütenblättern sind mit schwarzroten Drüsenschuppen besetzt. Aus den Blüten und Knospen tritt, zwischen den Fingern zerrieben, ein roter Wirkstoff aus, das Hypericin.

Das Echte Johanniskraut wächst als licht- und wärmeliebender Magerkeitszeiger an Wegrändern, auf Dämmen, an Feldwegen, auf sonnigen Wiesen und in Waldlichtungen und stellt an den Boden keine besonderen Ansprüche. Es gehört zu den Johanniskraut- oder Hartheugewächsen (Hypericaceae). Weltweit gibt es etwa 400 Johanniskrautarten, etwa neun davon sind bei uns heimisch.

Die regional unterschiedlichen Namen des Johanniskrauts reichen vom Tüpfel-Johanniskraut über Blutkraut, Johannisblut, Arnika der Nerven und Wundkraut bis zum Hartheu. Der letztere Name leitete sich vom „harten Heu" ab, das man den ganzen Winter über beobachten kann, wenn die abgeblühten Stängel aufrecht stehend allen Witterungseinflüssen und Schneefällen trotzen.

Der Name Johanniskraut hängt mit dem 24. Juni, dem Johannistag, zusammen, da es seine leuchtend gelben Blüten in den Tagen um die Sommersonnen-

Jan
Feb
Mär
Apr ●
Mai ●
Jun ● ●
Jul ● ●
Aug ● ●
Sep
Okt
Nov
Dez

wende öffnet. Johanniskraut spielt auch eine wichtige Rolle im Kräuterstrauß, der zu Mariä Himmelfahrt am 15. August gebunden wird. Ein schöner Brauch unserer Vorfahren, der auch für Schutzräucherungen von Haus und Hof und den Bewohnern eingesetzt wurde und heutzutage in katholischen Gegenden noch praktiziert wird. In Bayern ist Mariä Himmelfahrt bis heute ein gesetzlicher Feiertag.

Geerntet werden die kompletten Blütenstände mit Knospen, Blüten und Samenkapseln.

Was steckt drin?

Johanniskraut ist eine alte Heilpflanze für die dunkle Jahreszeit, wenn der sogenannte „November-Blues" auf die Seele schlägt. Klinische Studien belegen, dass das Sonnwendkraut mit seinen Inhaltsstoffen Hypericin, Hyperforin, Gerbstoffen, Flavonoiden und ätherischen Ölen stimmungsaufhellend wirkt. Johanniskraut kommt als Teeauszug, Tinktur oder Fertigarzneimittel bei leichten bis mittelschweren Depressionen sowie bei Schlafstörungen, Wechseljahresbeschwerden, Kopfschmerzen, Migräne und in Zeiten einer Rekonvaleszenz zum Einsatz.

Geduld ist allerdings geboten, da die Wirkung nicht sofort eintritt. Eine ärztliche Begleitung ist wichtig, weil Johanniskraut in Wechselwirkung mit anderen Medikamenten, wie Herzmedikamente, Blutdrucksenker und der Antibabypille deren Wirkung verringern oder sogar aufheben kann. Die äußerliche Anwendung als Johanniskrautöl reicht vom Wundheilmittel über die Behandlung leichter Verbrennungen, Sonnenbrand und Prellungen bis hin zur Behandlung von Blutergüssen, oft auch in Verbindung mit Arnika und Ringelblume.

Vorsicht ist aber geboten: Da die regelmäßige Verwendung von Johanniskrautpräparaten die Lichtaufnahme fördert, kann dies im Umkehrschluss zu einem Sonnenbrand führen. Pralle Sonne oder der Besuch des Solariums sollte in dieser Zeit vermieden werden.

ZUR TEEHERSTELLUNG 2 TL getrocknetes Johanniskraut mit ¼ l Wasser übergießen, zum Sieden bringen, ca. 7 Minuten ziehen lassen, abseihen und 2- bis 3-mal täglich 1 Tasse über mehrere Wochen trinken. Kombinationen mit Melisse und Lavendel sind für eine beruhigende Wirkung förderlich.

Ernten

Die Blätter, Triebspitzen und Blütenstände werden entweder frisch verarbeitet oder

Natur- und Gartentipp

Für Kinder ist das Johanniskraut eine Zauberpflanze. Sie sind von den gelben Blüten und Knospen fasziniert, die sich beim Zerquetschen rot verfärben. Mit diesem roten Farbstoff lässt sich wunderbar auf einem Stück Papier, auf Steinen oder Stoff malen und die Finger sind danach ebenfalls kräftig rot gefärbt.

Johanniskraut mit seiner Blütenpracht ist eine Sonnenpflanze, die die pralle Sonne genießt. In der Mittagshitze streckt es seine Blüten der Sonne regelrecht entgegen. Deshalb eignet es sich auch im Garten für sonnige und magere Standorte. Einmal gepflanzt verbreitet es sich rasant durch Selbstaussaat und Wurzelausläufer, wächst als Zierde in jedem Blumengarten und selbst in kleinsten Mauerritzen zu einer stattlichen Größe heran. Außerdem ist das Johanniskraut ein wichtiger Pollenspender für Bienen, Tagfalter, Schwebfliegen und Hummeln.

Johanniskrautöl

getrocknet. Zur Ernte der Blüten schneiden Sie die kompletten Blütenstände ab.

Kulinarisch

Die Blätter und Blütenstände werden als Würze in Bitterlikören, Kräuterölen, Kräuterweinen, im Sirup oder als Schwarztee-Ersatz in Teegetränken verwendet. Blätter und Blüten werden als aromatisches, leicht bitteres Würzkraut und als essbare Dekoration in geringen Mengen für Salate, Suppen und Kräuteraufstriche verwendet – auch in Kombination mit anderen Kräutern.

Johanniskrautöl

Vom frischen Johanniskraut die kompletten Blütenstände mit Blüten, Knospen, Samenkapseln und Blättern abschneiden. In einem durchsichtigen Glas mit kaltgepresstem Sonnenblumen- oder Olivenöl übergießen und 2 – 3 Wochen bei Tageslicht ausziehen lassen. Die ersten paar Tage nur ein Tuch zum Abdecken darüber legen, damit die Restfeuchte entweichen kann. Danach das Öl, das inzwischen leuchtend rot geworden ist, durch einen Teefilter oder ein Stofftuch abgießen und in dunkle Flaschen füllen. Johanniskrautöl, auch als Rotöl bekannt, wird bei kleineren Verletzungen, Hautausschlägen, Verbrennungen, Sonnenbrand, Blutergüssen und zur Narbenpflege verwendet.

TIPP: Nach neuesten Erkenntnissen bauen sich die wirksamen Inhaltsstoffe mit der Verarbeitung und während der Lagerung laufend ab. Deshalb wird empfohlen, immer nur einen Jahresvorrat anzulegen.

Johanniskrauttinktur

10 g Johanniskraut mit 50 ml Korn (38 Vol.-%) übergießen und 10 Tage lang ausziehen lassen. Nach dem Abpressen ist die Tinktur sofort gebrauchsfertig und wird unter anderem zur Behandlung von Magenverstimmungen und Verdauungsstörungen empfohlen.

Von links nach rechts: Blattrosette im
ersten Jahr | Blütenstängel im zweiten
Jahr | leuchtende Blütenkelche

HÖHE: 50 bis 150 cm
BLÜTEZEIT: Juni bis September

SAMMELKALENDER
BLÄTTER: April bis Juni
BLÜTEN: Juli bis August
WURZEL: ab September

Gewöhnliche Nachtkerze
Oenothera biennis

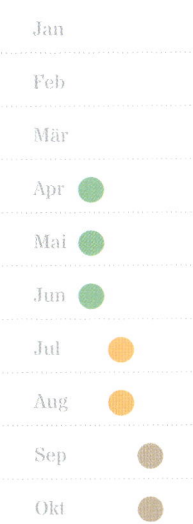

Jan

Feb

Mär

Apr ●

Mai ●

Jun ●

Jul ●

Aug ●

Sep ●

Okt ●

Nov ●

Dez ●

Kleine Pflanzenkunde

Eine außergewöhnliche Strategie, in der
Nacht ein duftendes Blütenspektakel
aufzuführen, um mit leuchtend gelben
Blüten Nachtfalter zur Bestäubung anzu-
locken. Die Rede ist von der Gewöhnlichen
Nachtkerze aus der Familie der Nachtker-
zengewächse (Onagraceae), die sich auf
Bahndämmen, sandigen Aufschüttungen
und an Weg- und Straßenböschungen
ausbreitet. Unter anderen Namen wie
Abendblume, Nachtstern, Sommerstern,
Schinkenwurz oder Süßwurzel ist die
zweijährige Nachtkerze auch bekannt.

Auf einer fleischigen Pfahlwurzel
entwickelt sie im ersten Jahr eine Blattrosette mit schmal-lanzettlichen, oft rot
überlaufenden Blättern, aus der im zweiten Jahr ein bis zu 150 cm hoher Blütenstängel in die Höhe wächst. Die 4–8 cm
großen, schwefelgelben, leuchtenden
Blütenkelche bestehen aus vier einzelnen
Blütenblättern und sitzen gestielt in den
Blattachseln der oberen Blätter.

Ein einmaliges Erlebnis ist es, in der
Dämmerung das Aufblühen der Nachtkerzenblüten zu beobachten. Im Zeitraffer
öffnen sie sich innerhalb weniger Sekun-
den, was man sogar hören kann, und
verbreiten einen betörenden vanillearti-
gen Duft. Wie in einer duftenden Schale
bieten die Blüten den Nachtfaltern ihren
Nektar an, um im Gegenzug bestäubt
zu werden. Am anderen Morgen sind die
bestäubten Blüten am Verblühen und
spätestens nach dem Mittag fallen sie
in sich zusammen. Unzählige Knospen
sorgen dafür, dass sich jeden Abend neue
Blüten öffnen. Aufgrund des darin enthaltenen Nachtkerzenöls werden besonders
die über 200 Samenkörner geschätzt, die
sich in jeder Fruchtkapsel der Nachtkerze
befinden.

Der Gattungsname *Oenothera* leitet
sich von *oinos* (= Wein) und *ther* (= wildes
Tier) ab. Sie zähmt folglich mit ihrem
betörenden Duft selbst wilde Tiere. Der
Artname *biennis* bedeutet zweijährig.

In der Dämmerung kann man das Aufblühen der Nachtkerze beobachten.

Was steckt drin?

In der Volksheilkunde wird die Nachtkerze aufgrund ihrer Flavonoide, Gerb- und Schleimstoffe bei Durchfall, Husten und bei Wechseljahresbeschwerden verwendet. Es kommen Fertigarzneimittel, Salben, Sirup und Tee zum Einsatz. Eine große Bedeutung in der Naturheilkunde hat das aus den Samen gepresste Nachtkerzenöl mit seinen essenziellen Fettsäuren, den Linol- und -Linolensäuren. Sowohl innerlich, als auch äußerlich angewendet wirkt es entzündungshemmend und juckreizstillend. Es wird bei Neurodermitis, allergischem Asthma, Akne, Schuppenflechte und bei rheumatischen Erkrankungen, Migräne und in vielen Hautpflegeprodukten verwendet.

Natur- und Gartentipp

Nachtkerzen sind zu jeder Jahreszeit ein Blickfang im Staudengarten. Im Sommer sind die nächtlich leuchtenden Blüten eine besondere Attraktion. Durch Selbstaussaat wandern sie ganz selbstständig durch den Garten. Erstaunlich, welch karge Stellen sie sich zum Teil dafür aussuchen. Möchten Sie die Pflanzen gezielt als Wurzelgemüse anbauen, säen Sie die Samen auf ein tiefgründig gelockertes Beet aus, damit lange und vor allem gerade Wurzeln entstehen können.

Ursprünglich kommt die Nachtkerze aus Nordamerika und Kanada. Als Neophyt oder Neuzuwanderer wurde sie im 17. Jahrhundert als blinder Passagier an Bord von Frachtern in Europa eingeschleppt.

ZUR TEEHERSTELLUNG 3 – 4 frische Nachtkerzenblüten mit ¼ l kochendem Wasser übergießen, 10 Minuten ziehen lassen, abgießen und warm trinken. Dieser duftende Tee lässt sich mit Dost, Gundermann, Melisse und Minze kombinieren.

Ernten

Geerntet werden die jungen Blätter vor der Blüte und die Knospen sowie Blüten den ganzen Sommer über. Die Wurzel- und Samenernte im Herbst runden das Angebot der Nachtkerze ab. Andere Verwandte wie die Kleinblütige Königskerze (*Oenothera parviflora*) können ebenfalls verwendet werden.

Kulinarisch

Die zarten Blätter werden in Salaten oder als Gemüse verwendet. Delikat schmecken die knackigen Knospen ebenfalls als Gemüse oder in Öl und Essig eingelegt. Die süß-würzigen Blüten eignen sich bestens als essbare Dekorationen, für Salate, zu Früchten und als kandierte Nascherei. Gefüllt werden sie zur besonderen Attraktion auf einem Wildpflanzenbüffet. Die ölhaltigen Samen lassen sich in Gebäck oder Brot ähnlich wie Sesam verarbeiten. Der Name Schinkenwurz bezieht sich auf die Rotfärbung der Wurzel. Sie wird wie Pastinake und Schwarzwurzel als Rohkost oder Kochgemüse verwendet. Um Wild-

Blütencreme

bestände zu schonen, wird sie dafür im Garten angebaut.

Blütencreme

Verschiedene Blüten von Nachtkerze, Malve, Klee, Glockenblumen oder Dost, 500 g Quark, etwas Sahne, Vanillezucker oder Honig

Blütenblätter auszupfen und klein schneiden. Den Quark mit der flüssigen Sahne cremig anrühren. Die klein geschnittenen Blütenblätter unterheben und nach Geschmack süßen.

TIPP: Einige ganze Blüten zur Seite legen und zum Dekorieren verwenden.

Nachtkerzenblütenöl

1 Handvoll frische Nachtkerzenblüten, 250 ml Oliven- oder Sonnenblumenöl

Die Nachtkerzenblüten auf einem Tuch auslegen, damit sich alle Insekten entfernen können. Dann die Blüten in ein Glas mit großer Öffnung geben, mit dem Öl übergießen und an einem warmen Ort, aber nicht in der Sonne, 1–2 Wochen ausziehen lassen. Danach das Öl durch einen Teefilter oder ein Stofftuch abgießen und in dunkle Flaschen füllen.

TIPP: Dieses Öl ist hilfreich bei trockener Haut und kann auch als Salatöl verwendet werden.

Nachtkerzenblütensalbe

Nachtkerzenblütenöl (siehe oben), Bienenwachs

Etwas Nachtkerzenblütenöl im Wasserbad mit der entsprechenden Menge Bienenwachs erwärmen: Auf 100 ml Öl kommen 10 g Bienenwachs. Wenn sich das Bienenwachs aufgelöst hat, die Salbe noch warm in Salbendöschen oder Gläschen füllen. Offen abkühlen lassen, damit sich am Deckel kein Kondenswasser bildet. Nach dem Erkalten die Tiegel verschließen und mit Datum und Inhaltsangabe beschriften.

TIPP: Hilft bei trockener und zu Neurodermitis neigender Haut.

HÖHE: 50 bis 200 cm
BLÜTEZEIT: Juli bis September

SAMMELKALENDER
BLÜTEN: Juli bis August

Von links nach rechts: Wollfilzig behaarte
Grundblätter | Blütenkerze schiebt sich aus
Rosette empor | Einzelblüte

Großblütige Königskerze

Verbascum densiflorum

Jan

Feb

Mär

Apr

Mai

Jun

Jul ●

Aug ●

Sep

Okt

Nov

Dez

Kleine Pflanzenkunde

Die Königskerze macht ihrem Namen alle
Ehre, so aufrecht und majestätisch wie
sie an sonnigen Wegrändern, Böschungen, Geröllhalden und auf Kahlschlägen
thront. Die als Wetterkerze, Fackelblume
oder Wollblume bekannte, zweijährige
Großblütige Königskerze gehört zur
Familie der Braunwurzgewächse (Scro-
phulariaceae). Im ersten Jahr entwickelt
sie eine stattliche Rosette mit lanzettlichen, wollfilzig behaarten Grundblättern,
die sich im zweiten Jahr mit einem bis zu
2 m langen Stängel gen Himmel schieben.
Die zahlreichen, hellgelben, fünfzähligen
Blüten sitzen in Büscheln gruppiert in den
Blattachseln dieses kerzenartigen Blüten-
stands. Die 4–5 cm großen Einzelblüten
öffnen sich zuerst unten am Stängel und
dann wandert der Blütenflor langsam
nach oben zur Spitze.

Der Gattungsname *Verbascum* leitet
sich von *barbascum* bzw. *barba* (= Bart) ab
und bezieht sich auf den wolligen Pelz an
den Staubgefäßen. Der Artname *densiflorum* setzt sich aus *densis* (= dicht) und
florus (= -blütig) zusammen, als Hinweis
auf die dicht stehenden Blüten.

Traditionell bildet die Großblütige
Königskerze den Mittelpunkt der Kräuter-
büschel, die aus den unterschiedlichsten
Heilpflanzen zu Mariä Himmelfahrt am
15. August gebunden und in der Kirche
geweiht werden. Die langen Stängel der
Königskerzen wurden früher auch als
Fackeln genutzt, da sie in Harz, Pech oder
Wachs getaucht lange brannten.

Weitverbreitet ist auch die Kleinblütige
Königskerze (*Verbascum thapsus*), die
mit ihren 120 cm Höhe und ihren 1–2 cm
großen Blüten leicht von der Großblütigen
Königskerze zu unterscheiden ist und
ebenfalls oft verwendet wird.

Was steckt drin?

Die Königskerze gilt als sehr alte
Heilpflanze. Sie enthält Schleimstoffe,
Saponine, Flavonoide und ätherische Öle.

Das verspricht reiche Blütenernte!

Wegen ihrer reizlindernden und auswurf-fördernden Wirkung wird sie bei Erkältungskrankheiten, Husten und Asthma verwendet. Äußerlich kommt sie bei Wunden, Verbrennungen und Hämorrhoiden zum Einsatz. In der Volksheilkunde werden die Blüten in Öl ausgezogen und zum Einreiben bei Ohrenschmerzen, Neuralgien und Hämorrhoiden verwendet. **ZUR TEEHERSTELLUNG** 2 TL getrocknete Blüten mit ¼ l kochendem Wasser übergießen, 10 Minuten ziehen lassen, abseihen und 3- bis 4-mal täglich 1 Tasse trinken. Bei Husten sind Mischungen mit Linden- und Malvenblüten, Thymian und Spitzwegerich empfehlenswert. Bei Reizhusten die Königskerze, um ihre Schleimstoffe auszuziehen, nur mit kaltem Wasser ansetzen, nach 1 Stunde abseihen und 2 – 3 Tassen pro Tag trinken.

Ernten

Da sich jeden Tag neue Blüten öffnen und die Blütenblätter am Nachmittag meist schon abfallen, ernten Sie Königskerzen am besten täglich vormittags, bevor die Sonne zu stark scheint. Durch regelmäßiges Ernten wird die Blütenbildung angeregt. Die Blüten verwenden Sie frisch oder getrocknet für den Wintervorrat. Zur Trocknung empfiehlt es sich, die zarten Blüten locker auf Trockensieben oder einem Tuch auszubreiten. Da sie viel Wasser aufnehmen und deshalb zur Schimmelbildung neigen, ist es wichtig, die Blüten zügig zu trocknen. Ein Zeichen für gute Qualität ist es, wenn die Blüten auch getrocknet noch gelb sind.

Natur- und Gartentipp

Die Königkerze wird gerne als Zierstaude im Garten angepflanzt, wo sie meist zum Selbstläufer wird und durch den ganzen Garten wandert. Da die Samen Lichtkeimer sind, streuen Sie sie im Frühjahr oder Spätsommer direkt auf die Erde und drücken Sie sie leicht an. Eine Vermehrung durch Wurzelteilung ist ebenfalls möglich. Als Standort bevorzugen Königskerzen Plätze mit voller Sonne, aber ohne Staunässe. Königskerzenblüten bieten Nahrung für viele Schmetterlingsarten. Die Raupen des Königskerzen-Mönchs haben sich sogar auf sie spezialisiert. Im Blattstadium werden die Rosetten häufig mit den Blättern des Beinwell (*Symphytum officinale*) oder mit denen des Roten Fingerhuts (*Digitalis purpurea*) verwechselt. Vorsicht ist vor allem beim giftigen Fingerhut geboten.

Kulinarisch

Die fruchtig schmeckenden Blüten der Königskerze gehören einfach zur Blütenküche dazu. Ihre vielfältigen Verwendungsmöglichkeiten reichen von der essbaren Dekoration im Salat oder auf dem Vorspeisenteller bis zum Genuss in Eierspeisen, Kräutersalzen, Blütenessig und -ölen, einer Blütenbutter oder einem Blütenquark. Die Blüten werden auch zum Aromatisieren und Färben von Likör, Sirup, Limonaden und Nachspeisen und mit anderen Blüten und Kräutern kombiniert in Teemischungen verwendet.

Wildkräutersalat mit Blüten

Königskerzenöl

1 Handvoll Königskerzenblüten in ein Schraubdeckelglas füllen und mit einem kaltgepressten Olivenöl oder Sonnenblumenöl übergießen. 3 – 4 Wochen ausziehen lassen, dabei ab und zu schütteln, dann abfiltern und in einer dunklen Flasche aufbewahren.

TIPP: Dieses Öl kann bei leichten Verbrennungen, Ohrenschmerzen, Juckreiz, zum Abheilen von Narben und bei Neuralgien verwendet werden.

Wildkräutersalat mit Blüten

FÜR DEN SALAT: 2 Handvoll Wildkräuter (z. B. Giersch, Wiesenknopf, Schafgarbe, Sauerampfer oder Spitzwegerich), 1 Salatkopf, verschiedene Blüten zum Dekorieren (z. B. Königskerzen, Taubnesseln, Kleeblüten, Glockenblumen, Labkraut, Wegwarte, Gundermann oder Dost)

FÜR DIE SOSSE: 2 EL Essig oder Zitronensaft, 3 EL Oliven- oder Sonnenblumenöl, 2 EL Kürbiskernöl, Kräutersalz, ¼ TL frisch gemahlener Pfeffer, etwas Senf

Den Salat waschen, in mundgerechte Stücke zerteilen und in eine Schüssel geben. Die Kräuter waschen, harte Stängel entfernen und nur grob zerkleinern. Für die Salatsoße Essig oder Zitronensaft, die Öle, Kräutersalz, Pfeffer und Senf in einem Gefäß mit einem Schneebesen aufschlagen und abschmecken. Den Salat mit den Kräutern mischen und kurz vor dem Servieren mit der Salatsoße anmachen. Mit den Blüten dekoriert servieren.

Von links nach rechts: Herzförmiges
Blatt | kriechende Stängel | kleine Lippen-
blüten | kerzenartige Blütenstände

HÖHE: 5 bis 20 cm
BLÜTEZEIT: März bis Juni

SAMMELKALENDER
BLÄTTER: März bis September ●
BLÜTEN: April bis Juni ●

Gundermann

Glechoma hederacea

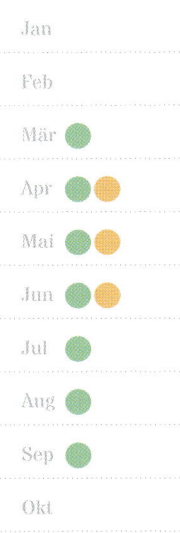

Jan
Feb
Mär ●
Apr ● ●
Mai ● ●
Jun ● ●
Jul ●
Aug ●
Sep ●
Okt
Nov
Dez

Kleine Pflanzenkunde

Der Gundermann, auch als Gundelrebe bezeichnet, gehört zur Familie der
Lippenblütler (Lamiaceae). Er wirkt auf
den ersten Blick eher unscheinbar und
klein und wird gerne übersehen. Doch mit
seinen herzförmigen, gekerbten Blättchen
und den dekorativen, blauvioletten Lippenblüten ist Gundermann ein attraktives
Kraut, das überall auftaucht. Er durchwebt
Wiesen, kriecht durch Zäune und lugt
unter Hecken hervor. Mit weiteren Namen
wie Guck-durch-den-Zaun, Erdefeu und
Soldatenpetersilie ist der würzig duftende
Gundermann treffend charakterisiert.

An schattigen Stellen entwickelt er
sehr große Blätter, die entfernt an Efeu-
blätter erinnern. Darauf bezieht sich auch
sein Artname *hederacea,* was so viel wie
„efeublättrig" heißt. Seine vierkantigen,
fadenartigen Stängel verankern sich im
Boden, indem an jedem Blattansatz Wurzeln wachsen. An sonnigen Standorten
bleiben die Blätter klein. Dafür entwickelt

die Pflanze dort viele kerzenartig nach
oben gerichtete Blütenstände.

Rein äußerlich haben die Blättchen
des Gundermanns mit denen der Knoblauchsrauke und des Scharbockskrauts
Ähnlichkeit, die ebenfalls essbar sind. Der
Gundermann ist aber sehr gut an seinem
aromatischen Duft und der einzigartigen
Weise, wie er am Boden entlangkriecht,
zu erkennen.

Duftende Kräuter spielten im Mittelalter als Pflanzen des Aberglaubens
eine große Rolle. Den Germanen war die
Gundelrebe heilig, weil sich unter ihrem
Schutz gern die mit dem Haus und Hof
verbundenen guten Geister aufhielten.
Deshalb wurden Sträußchen oder Kränze
aus Gundelrebe aufgehängt, um Vieh und
Mensch vor Schaden durch Blitzschlag
und Krankheit zu bewahren.

Was steckt drin?

In der Volksheilkunde wird Gundermann
aufgrund seiner Gerb- und Bitterstoffe,

Vitamine, Mineralstoffe und ätherischen Öle bei Magenverstimmung, Durchfall, hartnäckigem Husten und bei Halsentzündungen eingesetzt. Sein Name offenbart aber noch mehr Heilpflanzenwissen. „Gund" leitet sich vom althochdeutschen Wort *gunt* (= Eiter) ab. Als Heilpflanze schon den Germanen bekannt, wird Gundermann bis heute bei schlecht heilenden Wunden, Hautausschlägen, Geschwüren und Hautkrankheiten eingesetzt. Die Volksmedizin empfiehlt dazu die gesäuberten und zerdrückten Blätter an den entsprechenden Stellen aufzulegen oder einen Teeaufguss für Umschläge zuzubereiten.

Gundermann wächst auch im Blumentopf.

ZUR TEEHERSTELLUNG
1 – 2 TL getrocknete Gundermannblätter bzw. -blütenstände mit ¼ l kochendem Wasser übergießen, 5 Minuten ziehen lassen, abgießen und 2-mal täglich 1 Tasse trinken.

Natur- und Gartentipp

Der Gundermann wächst überall in naturbelassenen Gärten, ohne dass er angepflanzt werden muss. Prächtig gedeiht er unter Hecken, zwischen Beerensträuchern und in der Nähe des Komposts. Dort kann er sich ungestört ausbreiten, ohne Gemüse- und Blumenstauden zu bedrängen. Mit seiner Wuchsfreudigkeit kann man Gundermann gezielt als Bodendecker, Unterpflanzung bei Topfbäumchen oder in einer Blumenampel nutzen – eine Naturdekoration, die zudem auch noch winterhart ist. Auch für Kinder sind die Ranken eine ideale Spielpflanze. Es lassen sich aus ihr dekorative Kränze winden, mit denen man sich und die Freunde schmücken kann.

Ernten

Gundermannblättchen können vom Frühjahr bis in den Herbst gesammelt und frisch verwendet oder eingefroren werden. Zur Blütezeit können Sie die Blütenstände komplett ernten. Für Teezubereitungen sammeln Sie Blätter und Blütenstände im Frühjahr und trocknen das Kraut für den Wintervorrat.

Kulinarisch

Die Blättchen, Blüten und Triebe dienen frisch als appetitanregendes Würzkraut. Sie werden sparsam und in Kombination mit anderen Kräutern in Spinat, Rohkostsalaten, Gemüsesuppen, Tee- und Erfrischungsgetränken, in Kräuterbutter, Kräuterquark und zu Kräuterkartoffeln verwendet. Auch für die süße Kräuterküche ist Gundermann interessant. Es lässt sich vorzüglich Eis, Sahne und Kuchen damit würzen. Eine besondere Note gibt er auch einer Maibowle in Kombination mit Waldmeister. Besonders schön sehen die kleinen Blättchen und Blüten in Eiswürfeln gefroren in einem Erfrischungsgetränk aus. Vor der Verwendung von Hopfen wurde Gundermann zur Haltbarmachung und als Würze beim Bierbrauen verwendet.

Gundermanneis

Frische Gundermannblättchen, 1 Banane, 200 g Sahne
Einige Gundermannblättchen waschen, grob hacken. Die Banane mit der Sahne pürieren und die Gundermannblättchen unterheben. Die Masse in eine Eismaschine geben oder in die Gefriertruhe stellen und ab und zu durchrühren.
TIPP: Auch mit Erdbeeren oder Him-

beeren, je nach Saison, wird daraus ein sahnig-fruchtiges Geschmackserlebnis.

Gundermann-Schoko-blättchen

1 Handvoll Gundermannblättchen (frisch gesammelt), Bitterschokolade

Bitterschokolade im Wasserbad schmelzen. Die Blättchen am Stängel anfassen und mit der Schokolade bepinseln. Danach zum Trocknen auf einem Pergamentpapier auslegen.

TIPP: Eine wunderschöne und schmackhafte Dekoration zu Eis, Kuchen und anderen Süßspeisen. Auch tiefgefroren als besonderes Wiesenkonfekt zu empfehlen.

Gundermann-Erkältungs-trunk

Einige Gundermannblättchen, 1 Tasse Milch, 1 EL Honig

Klein geschnittene Gundermannblättchen in der heißen Milch 10 Minuten zugedeckt ausziehen lassen, abseihen, mit Honig süßen.

TIPP: Der Trunk wirkt bei übermäßigem Hustenreiz beruhigend.

Waldsalat

Einige Gundermannblättchen und -blüten, erste zarte Blätter von Birke, Buche, Eiche, Kirsche oder Linde, Zitronensaft, Salz, Pfeffer, Honig, Sahne, 1 Bund Radieschen, 1 Zwiebel, Knoblauch

Gundermannblätter waschen und trockenschleudern, fein hacken und mit den Baumblättern mischen. Zitronensaft, Salz, Pfeffer, Honig und Sahne zu einer Marinade verrühren. Die Radieschen in dünne Scheiben schneiden, Zwiebel und Knoblauch fein hacken. Die Blätter mit der Marinade mischen und mit den Gundermannblüten dekoriert servieren.

TIPP: Diese besondere Delikatesse bereichert den Speiseplan nur für eine kurze Zeit im Frühjahr.

Von links nach rechts: Pfeilförmige Blätter mit zwei Zipfeln | rötlicher, geriffelter Stängel und Blattscheiden | kleine rote Blüten | Fruchtstand

HÖHE: 30 bis 80 cm

BLÜTEZEIT: Mai bis August

SAMMELKALENDER

GANZE PFLANZE:

März bis Oktober ●

FRÜCHTE: August bis Oktober ●

Sauerampfer
Rumex acetosa

Kleine Pflanzenkunde

Sauerampfer gehört zur Familie der Knöterichgewächse (Polygonaceae) und ist auch als Wiesen-Sauerampfer, Sauerlump und Salatampfer bekannt. Er kommt auf feuchten Wiesen, an Wegrändern, im Wald und an Bachläufen üppig vor. Leicht zu erkennen ist er an seinen grasgrünen, pfeilförmigen Blättern mit den beiden Blattzipfeln, die an den Schwanz einer Schwalbe oder die Zipfel eines Fracks erinnern. Markant ist sein aufrechter Wuchs und sein rötlicher, geriffelter Stängel mit den auffälligen Blattscheiden. Die rispigen Blütenstände setzen sich aus zahllosen kleinen, roten Blüten zusammen, die Wiesen mit einem rötlichen Schimmer überziehen. Sauerampfer ist zweihäusig, das heißt es gibt männliche und weibliche Pflanzen. Die dreikantigen, kleinen Nussfrüchte findet man, wie bei den Brennnesseln, nur auf den weiblichen Pflanzen.

Unterwegs wird Sauerampfer zur praktischen Wasserflasche, denn die erfrischenden Blätter löschen fürs erste den Durst. Sein säuerlich zitroniger Geschmack wird mit dem Gattungsnamen *Rumex*, von *rumos* (= sauer), und dem Artnamen *acetosa*, von *acetum* (= Essig), gut beschrieben. Ob Sauer wirklich lustig macht? Zumindest gilt das für diejenigen, die ihr Gegenüber bei der ersten Kostprobe beobachten.

Weitverbreitet und ebenfalls verwendbar sind der leicht saure Kleine Sauerampfer (*Rumex acetosella*) und der Schlangen-Knöterich (*Polygonum bistorta*), ein delikates nicht saures Wildgemüse. Mit dem Buchweizen und dem Rhabarber stammen zwei wichtige Kulturpflanzen ebenfalls aus dieser Pflanzenfamilie.

Joachim Ringelnatz (1883 – 1934) verhalf dem Sauerampfer mit seinem humorigen Gedicht „Arm Kräutchen" sogar in der Literatur zu Ruhm. Lässt er ihn doch am Bahndamm stehen, wo er nur Züge sah und niemals einen Dampfer, „armer Sauerampfer".

Jan

Feb

Mär ●

Apr ●

Mai ●

Jun ●

Jul ●

Aug ● ●

Sep ● ●

Okt ● ●

Nov

Dez

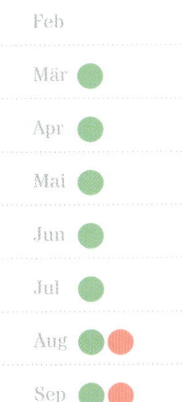

Fein und schön säuerlich: junge Blätter und Triebspitzen des Sauerampfers.

Natur- und Gartentipp

Sauerampfer macht sich mit seiner Rotfärbung gut in Wiesen und Kräutergärten. Die anspruchslose Pflanze gedeiht auf sonnigen und halbschattigen Standorten und kann aus Samen leicht herangezogen werden. Die Aussaat erfolgt von März bis April direkt ins Freiland. Zur Keimung werden Temperaturen um die 15 °C benötigt. Da die Samen Lichtkeimer sind, werden sie nur oberflächlich auf die Erde gedrückt. In Gärtnereien angebotene Zuchtformen schmecken meist weniger sauer und haben größere Blätter. Die Fruchtstände des Sauerampfers machen sich in einem Wiesenstrauß in bunten Kränzen oder herbstlichen Gestecken gut.

Was steckt drin?

In der Volksheilkunde wird Sauerampfer meist frisch verwendet. Wegen seines hohen Vitamin-C-Gehalts, der Oxalsäure, den Gerbstoffen und den Flavonoiden stärkt er das Immunsystem und war unter Seefahrern als Mittel gegen Skorbut bekannt. Die Dosis macht's, auch beim Sauerampfer. Verzehren Sie ihn nicht andauernd in großen Mengen roh, denn die Oxalsäure behindert die Aufnahme von Kalzium aus der Nahrung – ein Umstand, den man durch die gleichzeitige Verwendung von Milchprodukten abmildern kann. So wird die Oxalsäure an das darin enthaltene Kalzium gebunden.

Ernten

Ab dem zeitigen Frühjahr können Sie die Blätter, Triebspitzen und Blütenstände des Sauerampfers ernten. Möchten Sie im Kräutergarten laufend frische Blätter haben, regen Sie ihn durch ständiges Ernten zum Nachwachsen an. Dadurch wird allerdings die Blütenbildung ver-

hindert. Zur Samenernte rollen Sie die angetrockneten Fruchtstände zwischen zwei Brettchen hin und her, bis die Samen herausgefallen sind.

Kulinarisch

Der Sauerampfer ist wegen seines sauren Geschmacks in der Kräuterküche sehr geschätzt. Die Blätter und jungen Blütenstände werden zu Salaten, Gemüsegerichten, Aufläufen, Kräuter- und Gemüsesuppen, Dips, Kräutersoßen, als Brotbelag oder zu Kräuterquark verwendet. Die Samen eignen sich als Keimsaat im Winter oder vermahlen im Mehl. Sauerampfer ist traditioneller Bestandteil der Frankfurter Grünen Soße.

Sauerampfersuppe

2 Handvoll Sauerampferblätter, 1 Zwiebel, etwas Butter, 2 EL Mehl, ¾ l Gemüsebrühe, 150 ml Sahne oder Crème fraîche

Die gewaschenen Sauerampferblätter klein schneiden. Die Zwiebel ebenfalls klein schneiden und in der zerlassenen Butter andünsten. Das Mehl dazugeben und mit anschwitzen. Danach die Sauerampferblätter dazugeben und kurz mit andünsten. Mit der Gemüsebrühe

Sauerampfersuppe

ablöschen, alles 1–2 Minuten köcheln lassen. Sahne oder Crème fraîche unterrühren und die Suppe mit Salz, Pfeffer und Muskat abschmecken.

TIPP: Mit Kleeblüten oder Gänseblümchen garniert servieren.

Fruchtspieß mit Sauerampfer

Obst der Saison wie Äpfel, Birnen oder Erdbeeren in mundgerechte Stücke schneiden. Diese abwechselnd mit Sauerampferblättern auf einen Zahnstocher spießen und die Spieße mit Blüten und Blättchen dekoriert auf einem Teller als Snack anbieten oder mit anderen Häppchen auf einem Vorspeisenteller servieren.

TIPP: Als besonderes Dessert werden die Spieße in geschmolzene Schokolade getaucht.

Frischkäse mit Sauerampfer

1 Handvoll Wildkräuter wie Sauerampfer, Spitzwegerich, Vogelmiere oder Giersch, einige Sauerampferblätter übrig behalten, 200 g Frischkäse, Kräutersalz

Kräuter verlesen, waschen und fein hacken. Kräuter und Frischkäse vermischen und mit dem Kräutersalz abschmecken. Mit den Sauerampferblättern und einigen Blüten beispielsweise von Gundermann oder Glockenblumen garniert servieren.

TIPP: Dieser Frischkäse passt gut zu Gemüsesticks.

{ **HÖHE:** 15 bis 40 cm
BLÜTEZEIT: Mai bis Oktober

SAMMELKALENDER
BLÜTEN: Juni bis September

Von links nach rechts: Typische dreiblättrige
Kleeblätter | selten findet man ein vierblättriges
Kleeblatt | kugelige Blütenköpfchen

Rotklee
Trifolium pratense

Jan

Feb

Mär

Apr

Mai

Jun ●

Jul ●

Aug ●

Sep ●

Okt

Nov

Dez

Kleine Pflanzenkunde

Der Rotklee gehört zur Familie der
Schmetterlingsblütler (Fabaceae) und
ist vielen als Wiesenklee, Honigklee,
Zuckerbrot oder Hummellust bekannt.
Auf Weiden und Wiesen, im Rasen und
an Wegrändern – überall begleitet uns
der Rotklee, zumal er als Futterpflanze
angebaut wird.

Seine augenfälligen Kleeblätter bilden
eine Rosette, aus deren Mitte sich ein
kantiger, meist rot überlaufener Stängel schiebt. An seinen Enden sitzen die
2–3 cm großen, nach Honig duftenden,
kugeligen Blütenköpfchen, bestehend
aus zahlreichen, eng an eng sitzenden,
purpurroten Schmetterlingsblüten. Umrahmt werden diese von den typischen
dreiblättrigen Kleeblättern, jedes mit einer
weißen Zeichnung in der Mitte. Der Gattungsname *Trifolium,* aus *tri* (= drei) und
folium (= Blatt), nimmt darauf Bezug. Der
Artname *pratense* leitet sich von *pratum*
(= Wiese) ab.

Weitverbreitet auf Rasenflächen und
Wiesen ist auch der Weißklee (*Trifolium
repens*). Er unterscheidet sich durch seine
weißen Blütenköpfchen und die fein
gezähnten Blattränder vom Rotklee. Mit
seinem kriechenden Wurzelstock bleibt er
zudem mit 5–20 cm wesentlich kleiner
als der Rotklee. Beide blühen gleichzeitig
und können in der Kräuterküche gut miteinander kombiniert verwendet werden.
Farblich wird Weißklee vom Rotklee allerdings ausgestochen.

Was steckt drin?

In der Volksheilkunde werden die Blüten
des Rotklees wegen ihrer Gerbstoffe, ätherischen Öle, Cumarine und Isoflavonoide
verwendet. Sie kommen zur Wundbehandlung, bei Erkältungskrankheiten und
Durchfall zum Einsatz. Zunehmend in
den Fokus rückte der Rotklee aufgrund
seiner Phytoöstrogene, die mit dem roten
Blütenfarbstoff verbunden sind. Sie wirken sich bei Wechseljahresbeschwerden

positiv auf Hitzewallungen, Schweißausbrüche und Erschöpfungszustände aus. Zum Einsatz kommen Tee, Tinktur und Fertigarzneimittel.

ZUR TEEHERSTELLUNG 4–6 getrocknete Blütenköpfchen mit ¼ l kochendem Wasser übergießen, 15 Minuten ziehen lassen, 2–3 Tassen täglich trinken.

Ernten

Kleeblüten können von Mai bis Oktober gesammelt und frisch verwendet oder als

Rotklee: Farbtupfer in der Wiese.

Wintervorrat getrocknet werden. Die Blüten mit ihrem süßen, leicht nussigen Geschmack sammeln Sie am besten morgens, bevor Hummeln den Nektar holen. Auch die Kleeblätter, die geschmacklich entfernt an Feldsalat erinnern, können Sie verwenden.

Besonderheit

Schmetterlingsblütler wie Klee, Esparsette und

Luzerne sind hochwertige Futterpflanzen und werden auch als Gründüngung angebaut. Sie versorgen sich mit Stickstoff, indem sie eine Symbiose mit Bodenbakterien, den sogenannten Rhizobien, eingehen. Diese Bakterien werden von ihnen mit Zucker versorgt und stellen der Pflanze im Gegenzug Stickstoff zur Verfügung. Ein Indiz dafür sind die Knöllchen an den Wurzeln von Schmetterlingsblütlern. Ein alter Gärtnertrick ist es, abgeerntete Bohnen oder Erbsenpflanzen unterzugraben, um so dem Beet den Stickstoff für die kommende Vegetation zu erhalten. Klee gehört zu den Hülsenfrüchten wie Bohnen, Erbsen und Linsen. Hülsenfrüchte sind als Eiweißlieferant wichtige Nahrungsgrundlagen für Mensch und Tier.

Kulinarisch

Kleeblüten und junge Blätter kommen in Gemüsegerichten, Spinat, in Kräuterquark, Kräuterbutter und -frischkäse zum Einsatz. Zum Hingucker werden die Blütenköpfchen und ausgezupften Kleeblüten

Natur- und Gartentipp

Auf einer Blumenwiese darf Rotklee nicht fehlen. Die roten Blütenköpfchen sind eine Augenweide und eine wichtige Nahrungsquelle für Hummeln und Schmetterlinge, die sich mit ihren langen Rüsseln sogar auf sie spezialisiert haben.

Das Aussaugen der Blüten als kleines „Zuckerle" ist vielen aus der Kindheit in Erinnerung geblieben und wer ein vierblättriges Kleeblatt fand, galt als Glückspilz. Wer es dann noch weiterschenkte, verdoppelte sein Glück, einmal für sich und einmal für den Beschenkten. Bei dem zu Neujahr verschenkten Klee handelt es sich nicht um den Glücksklee von früher, sondern um einen vierblättrigen Verwandten des Sauerklees (*Oxalis acetosella*) aus der Familie der Sauerkleegewächse. Diese Zierpflanze wurde, da sie sich gut vorziehen lässt, längst auch zum Glückssymbol.

als Dekoration in Salaten, Suppen und
fürs Kräuterbuffet. Auch für Gelee, Sirup,
Likör, Bowle, in Süßspeisen und Hanstee-
mischungen oder eingefroren in Eiswürfel
können sie verwendet werden.

Kleeblütensirup

**1 Litermaß voll Kleeblüten, 1 l Wasser,
750 g Zucker**

Kleeblüten sammeln, nicht waschen,
sondern auf einem Tuch auslegen, bis sich
alle Insekten verzogen haben. Die Blüten
mit Wasser zum Kochen bringen. 5 Minuten kochen lassen und weitere 20 Minuten
bei geschlossenem Deckel ziehen lassen.
Danach den Sud durch ein Sieb filtern und
mit Zucker bis zur gewünschten Konsistenz einkochen. Noch heiß in Schraubdeckelgläser oder Flaschen füllen.

TIPP: Schmeckt gut zum Aromatisieren
von Getränken und Süßspeisen. Kann
auch mit Minze oder Melisse kombiniert
werden.

Süßer Kleeblütenaufstrich

Weiche Butter mit etwas Honig glatt
rühren und eine Handvoll ausgezupfte
Kleeblüten unterheben. Auf ein Brot
oder Brötchen streichen und mit einigen
kompletten Blütenköpfchen dekoriert
servieren.

TIPP: Schon mit kleinen Kindern gemein-
sam gesammelt und hergestellt ein Natur-
und Geschmackserlebnis.

Blütenobstsalat

**1 Handvoll Kleeblüten, Obst der Saison
wie Äpfel, Birnen oder Beeren, Zitronensaft, Kleeblütensirup**

Obst waschen, klein schneiden, mit etwas
Zitronensaft beträufeln und mit dem Kleeblütensirup abschmecken. Die ausgezupften Blüten teils unterheben und teils zur
Dekoration auf dem Fruchtsalat verteilen.

TIPP: Dazu passt geschlagene Sahne mit
ausgezupften Kleeblüten und Gunder-
mann-Schokoblättchen (siehe Seite 99).

Von links nach rechts: Blätter stehen sich gegenüber | behaarter, vierkantiger Stängel | Blütenrispe mit duftenden Blüten

HÖHE: 20 bis 90 cm
BLÜTEZEIT: Juni bis September

SAMMELKALENDER
BLÄTTER: März bis September
BLÜTEN: Juni bis August

Echter Dost, Oregano
Origanum vulgare

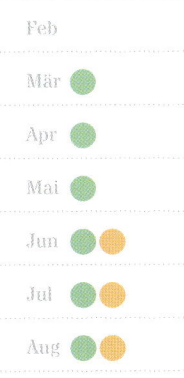

Jan
Feb
Mär ●
Apr ●
Mai ●
Jun ● ●
Jul ● ●
Aug ● ●
Sep ●
Okt
Nov
Dez

Kleine Pflanzenkunde

Den bei uns wild wachsenden Dost umweht ein mediterranes Flair. Die beliebte Würz- und Heilpflanze, auch als Wilder Majoran oder Oregano bekannt, gelangte aufgrund ihrer charakteristischen Würznote als unentbehrliches Pizzagewürz zur Berühmtheit. Dost gehört zur Familie der Lippenblütler (Lamiaceae) und ist mit beliebten Gartenkräutern wie Minze, Melisse und Lavendel verwandt, die durch ihre ätherischen Öle alle ein intensives Duftaroma entwickeln.

Echter Dost kommt wild an Wiesen- und Waldrändern sowie an sonnigen Böschungen vor. Gut zu erkennen ist er an seinem aufrechten, vierkantigen Stängel, der sich nach oben hin buschig verzweigt. Die eiförmigen, kurz gestielten Blätter stehen kreuzgegenständig und verströmen zwischen den Fingern zerrieben einen aromatisch-würzigen Duft. Am Stängelende bilden unzählige rosarote Lippenblüten eine duftende Blütenrispe, die von Bienen, Hummeln und Schmetterlingen umschwärmt wird.

Seinem buschigen Wuchs verdankt Dost seinen Namen – er wird mit „Strauß" oder „Bündel" übersetzt. Der Gattungsname *Origanum* setzt sich als „Schmuck der Berge" aus dem griechischen Wort *oros* (= Berg) und *ganos* (= Schmuck) zusammen.

Dost wird gern als heimischer Bruder des Majoran (*Origanum majorana*) bezeichnet. Aufgrund seiner Frostempfindlichkeit kommt Majoran bei uns nicht wild vor. Vom Gold-Majoran (*Origanum vulgare* 'Aureum') bis zum Griechischen Oregano (*Origanum heracleoticum*) bieten Gärtnereien viele winterharte Verwandte des Dost an. Mit unterschiedlichen Aromen kann man sich nach persönlicher Duftvorliebe und Verwendungszweck die passende Pflanze aussuchen.

Was steckt drin?

Als alte Heilpflanze wird das „Dostenkraut" seit dem Mittelalter dank seiner

Bester Erntezeitpunkt ist zur
Blütezeit.

Natur- und Gartentipp

Dost oder Wilder Majoran ist eine Bereicherung für
jeden Garten. Das duftende Kraut versamt sich selbstständig und bildet, wo es ihm gefällt, von Jahr zu Jahr
größere Polster aus. Ab dem zeitigen Frühjahr können
Sie die Pflanzen für die Kräuterküche nutzen. Im Laufe
des Sommers wachsen sie zu üppigen Büschen heran und
können laufend mitsamt den Blüten beerntet werden.
Schneiden Sie den Dost nach der Blüte kräftig zurück,
dann treibt er erneut aus. Auch in Mischkultur mit
Möhren, Lauch, Zwiebeln und Tomaten hat sich der Wilde
Majoran bestens bewährt.

ätherischen Öle und der Gerb- und
Bitterstoffe bei Verdauungsproblemen
verwendet. Im Volksmund auch als
Wohlgemut oder Wurstkraut betitelt,
wirkt er krampflösend, appetitanregend,
blähungswidrig und regt die Galle an. In
der Volksheilkunde wird Dost auch bei
Erkältungskrankheiten in Form von Tee-
aufgüssen, zur Inhalation, zum Gurgeln,
in Erkältungsbädern und als Tinktur zur
Wundheilung eingesetzt.
ZUR TEEHERSTELLUNG 1 gehäufter EL
getrocknetes Kraut mit ¼ l kochendem
Wasser übergießen, 10 Minuten ziehen
lassen, abgießen und 2 – 3 Tassen täglich
trinken.

Ernten

Als schmackhaftes Würzkraut können
Blätter und Blütenstände des Wilden
Majorans zur frischen Verwendung den
ganzen Sommer über geerntet werden.
Sobald das Kraut in voller Blüte steht, ist
es zum Trocknen für den Wintervorrat
gerade richtig. Schneiden Sie die Stängel
eine Handbreit über dem Boden ab, strei-

fen Sie Blätter und Blüten vom Stängel
und breiten Sie sie auf einer luftdurchläs-
sigen Unterlage zum Trocknen aus.

Kulinarisch

Dost oder Oregano ist in der Kräuterküche
dafür bekannt, dass er fettreiche Speisen
bekömmlicher macht. Kein Gewürzregal
ohne Oregano. Meist getrocknet für Toma-
tengerichte und Pizzas verwendet, über-
rascht er als Frischpflanze die Geschmacks-
nerven. Blätter und Blüten geben Omeletts,
Bratlingen, Aufläufen, Soßen, Käsespeisen,
Kartoffelgerichten und Hülsenfrüchten
eine besondere Würze. Auch für Geflügel-,
Fisch- und Fleischgerichte lässt er sich
verwenden. Er eignet sich zudem zum
Aromatisieren von Likören, für Kräuteröle
und -essige, in Kräutersalz, Tee- und Erfrischungsgetränken, als Beigabe zu Salaten,
in Kräuterquark und Kräuterbutter.

Dost zur Inhalation

Frischen oder getrockneten Dost in eine
Schüssel rebeln und mit kochendem

Dost mit Schafskäse

Wasser übergießen. Den Kopf über die Schüssel halten, mit einem Handtuch bedecken und den Dampf gute 10 Minuten einatmen. Vorsicht heiß! Nicht für kleine Kinder geeignet.

Würzöl

Das blühende Kraut von Dost oder Majoran frisch oder getrocknet in ein Glas oder eine Flasche mit großer Öffnung geben und mit Öl übergossen etwa 4 Wochen ausziehen lassen. Danach abgießen und einen frischen Zweig zur Dekoration ins fertige Öl stellen.

TIPP: Dieses Öl eignet sich zum Würzen in der Küche oder als Einreibung bei steifem Nacken oder Muskelverspannungen.

Dost mit Schafskäse

Einige Stängel Dost, 200 g Schafskäse, 100 ml Olivenöl, Knoblauch, einige Oliven

Den Schafskäse in Würfel schneiden und eine Bodenschicht in ein Glas mit großer Öffnung geben. Abwechselnd mit den vom Stängel gestreiften Dostblüten und -blättern sowie einigen Scheiben geschnittenem Knoblauch und Oliven das Glas auffüllen. Mit einer Schicht Schafskäse enden und das Ganze mit Öl übergießen. Das geschlossene Glas einige Stunden durchziehen lassen.

TIPP: Variationen mit Gartenkräutern wie Basilikum, Minze oder Melisse sind ebenfalls sehr schmackhaft.

Von links nach rechts: Gefiederte
Blätter | Blütenknospen | Blüte mit
5 Blütenblättern | einzelne Hagebutte

HÖHE: bis zu 5 m
BLÜTEZEIT: Mai bis Juni

SAMMELKALENDER
BLÜTEN: Mai bis Juni
FRÜCHTE: September bis
November

Hundsrose

Rosa canina

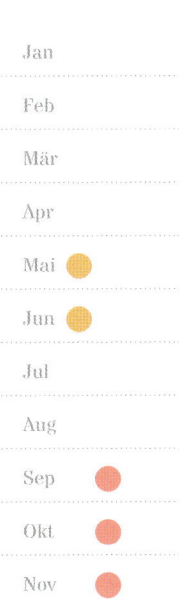

Jan

Feb

Mär

Apr

Mai ●

Jun ●

Jul

Aug

Sep ●

Okt ●

Nov ●

Dez

Kleine Pflanzenkunde

Die Hundsrose gehört zur großen Familie
der Rosengewächse (Rosaceae). Es ist eine
Wildrose, von denen es in Deutschland
etwa 30 Arten gibt. Am weitesten verbreitet ist die Hundsrose, bekannt auch unter
den Volksnamen Hagebutte oder Hecken-
rose. Gut zu erkennen ist der Strauch an
seinen überhängenden, stacheligen Ästen
und den unpaarig gefiederten Blättern.
Die hell rosafarbenen bis weißen Blüten
haben fünf Blütenblätter, sind ungefüllt
und duften angenehm. Im Spätsommer reifen die leuchtend roten Früchte,
die Hagebutten, mit einem „schwarz
Käpplein" auf ihrem Haupt. Das bekannte
Kinderlied von Hoffmann von Fallersleben
„Ein Männlein steht im Walde" meint
damit die vertrockneten Blütenblätter, die
wie kleine Zipfelmützen auf jeder Frucht
sitzen.

Botanisch betrachtet sind Hagebutten
Scheinfrüchte, da sich in ihrem Inneren
die eigentlichen Früchte, die kleinen,
steinharten Nüsschen befinden, umgeben
von Borstenhaaren, die jeder Schelm als
Juckpulver kennt. Ihr botanischer Name
Rosa canina ist im Sinne von „hundsge-
wöhnliche Rose" zu verstehen. Das latei-
nische Wort *canina* bedeutet Hund, damit
soll der Unterschied zu edlen Kulturrosen
verdeutlicht werden.

Was steckt drin?

Die medizinische Verwendung der
Hundsrose reicht bis in die Antike zurück.
Die Früchte enthalten viel Vitamin C,
Mineralstoffe, Flavonoide und Gerbstoffe.
Die positive Wirkung auf das Immunsys-
tem macht sie zum Mittel der Wahl zur
Steigerung der Abwehrkräfte, bei Erkäl-
tungskrankheiten und grippalen Infekten.
Die Volksheilkunde bedient sich ihrer
auch bei Harnwegsinfekten und als leicht
abführendes Mittel bei Magen-Darm-
Verstimmungen. Neuere Untersuchungen
haben eine positive Wirkung dieser Rosen
bei arthrosebedingten Schmerzen gezeigt.

Dabei kommen die Früchte, vermahlen als Hagebuttenpulver, zum Einsatz.

ZUR TEEHERSTELLUNG über Nacht 2 – 3 TL getrocknete Hagebutten in ¼ l Wasser einweichen, am anderen Tag aufkochen und abgießen. Nach Geschmack mit Honig gesüßt mehrmals täglich 1 Tasse trinken.

Ernten

Der beste Erntezeitpunkt der Hagebutten ist nicht, wenn Frost darüber gegangen ist, sondern schon im Spätsommer oder frühen Herbst. Die Früchte sollten reif und rot, aber noch hart sein. Dann haben sie am meisten Vitamin C. Hat der Zuckeranteil Vorrang, beispielsweise für Liköre oder Weinansätze, darf auch der erste Frost abgewartet werden. Danach müssen die Früchte dann allerdings sofort verarbeitet werden,

Leuchtend rote Hagebutten

da sie schnell matschig werden. Für den Wintervorrat können die ganzen Hagebutten, die halbierten Früchte ohne Kerne und Borstenhaare oder die gewaschenen Kerne getrocknet werden. Mehr Ertrag bringen die großen Früchte der Kartoffelrose (*Rosa rugosa*), die genauso verwendet werden können.

Kulinarisch

Hagebutten sind eine besondere Delikatesse als Mus, Marmelade, Gelee, in Früchteessig, Punsch, Likör und Wein oder in einer Gemüsesuppe. Aus den Schalen und Kernen lassen sich leckere Teegetränke herstellen. Die Blüten der Hundsrose werden zu Gelee, Sirup, Bowle, Likör, in Duftpotpourris und als essbare Dekoration verwendet.

Hagebuttenmark

Wenn Sie das rohe Hagebuttenmark (Hägenmark) gewinnen wollen, müssen Sie sich die Mühe machen, die gewaschenen Hagebutten aufzuschneiden, um Kerne und Härchen mit einem spitzen Messer zu entfernen. Einfacher geht es mit einem Passiervorsatz vor dem Fleischwolf einer Küchenmaschine. Dieser scheidet das Fruchtfleisch von den Kernen ab. Bei größeren Mengen empfiehlt es sich, die Hagebutten in Wasser bedeckt 24 Stunden einzuweichen und dann weichzukochen. Streichen Sie den Brei am besten durch ein Sieb, damit die Härchen und Kerne zurück bleiben. Das Fruchtmark lässt sich gut einfrieren, zu Marmelade verarbeiten oder man genießt es frisch, mit Honig gesüßt aufs Brot oder unter Joghurt oder Quark gemischt.

Natur- und Gartentipp

In der Hecke oder dem Hag wurden Hundsrosen ab dem 6. Jahrhundert zusammen mit Weißdorn oder Schlehe als natürlicher Zaun für Dorf und Vieh angebaut. Diese Hecken wehrten Eindringlinge ab, schützten die Böden vor Erosion durch Wind und gaben Nützlingen wie Vögeln, Säugetieren und Insekten Nahrung und Unterschlupf. Für den Menschen bedeuteten die Hecken wichtige Vorratsquellen, denn außer den Wildfrüchten wuchsen dort Heilkräuter und Wildgemüse. Die Heckenmeister, ein dafür zuständiger, angesehener Berufsstand, kümmerte sich um die Pflege des schützenden Walls. Sie legten auf eine lückenlose Hecke allergrößten Wert. Heute sind Hecken in der Natur selten geworden, deshalb machen sie im eigenen Garten mehr denn je Sinn.

Gartenessig

TIPP: Die Kerne können Sie gewaschen und getrocknet als Tee verwenden oder in ein kleines Kissen füllen, das im Ofen erwärmt als anschmiegsames Nackenkissen dient.

Hagebuttenaufstrich

1 kg Hagebuttenmark (siehe links), 500 g Gelierzucker (1 : 2), 1 Zitrone, nach Geschmack etwas Zimt-, Kardamom- oder Nelkenpulver

Das Hagebuttenmark mit Gelierzucker, Zitronensaft und den Gewürzen in einen Topf zum Kochen bringen, 4 Minuten unter Rühren sprudelnd kochen lassen und sofort in Schraubdeckelgläser füllen und verschließen.

TIPP: Ist das Hagebuttenmark sehr dickflüssig, brennt es leicht an und sollte mit etwas Apfelsaft oder Wasser verdünnt werden. Bei Hagebuttenmark und Apfelsaft halb und halb ist die Verwendung von Gelierzucker 1 : 1 zu empfehlen.

Kernlestee oder Punsch

Hagebuttenkerne in kaltem Wasser aufsetzen und 30 Minuten zugedeckt köcheln lassen, damit sich der vanilleartige Duft entwickelt. Nach dem Abseihen der Kerne kann dieser Tee mit Honig gesüßt getrunken werden oder Sie verwenden ihn als Grundlage für einen Punsch. Dazu wird der Tee mit Apfel-, Holunder- oder anderen Fruchtsäften 1 : 1 gemischt und mit Gewürzen wie Zimt, Nelke und Kardamom erhitzt. Den Punsch 10 Minuten ziehen lassen, dann abgießen und heiß genießen.

Gartenessig

1 Apfel, 1 Zwiebel, 1 Knoblauchzehe, Früchte von Hagebutte, Schlehe oder Weißdorn, einige Wacholderbeeren, Kräuter nach Geschmack (z. B. Dost, Gundermann, Thymian, Rosmarin oder Bohnenkraut), 1 l Apfelessig

Apfel, Zwiebel und Knoblauch klein schneiden. Alle Früchte und Kräuter in ein weithalsiges Glas füllen und mit dem Essig übergießen. Je nach Geschmack eine kleine Menge Kandiszucker oder Honig dazugeben. Den Essig 4 – 6 Wochen stehen lassen, ab und zu schütteln, danach abfiltern.

TIPP: Zur Dekoration einige schöne Früchte im Glas belassen.

Von links nach rechts: Blätter erinnern an
ein großes Löwenzahnblatt | kräftige Pflanze
vor der Blüte | kurz vor dem Aufblühen | voll
erblühtes Blütenkörbchen

HÖHE: 20 bis 150 cm
BLÜTEZEIT: Juli bis Oktober

SAMMELKALENDER
BLÄTTER: Juni bis September ●
BLÜTEN: Juli bis September ●

Wegwarte
Cichorium intybus

Jan
Feb
Mär
Apr
Mai
Jun ●
Jul ● ●
Aug ● ●
Sep ● ●
Okt
Nov
Dez

Kleine Pflanzenkunde

Die aus der Familie der Korbblütler (Asteraceae) stammende Wegwarte macht ihrem
Namen alle Ehre, denn sie steht an steini-
gen, sonnigen und trockenen Wegrändern,
an Landstraßen und Bahndämmen. Der
Legende nach ist die mit blauen Blüten
übersäte Pflanze eine zuzeiten der Kreuz-
züge verzauberte Braut, die am Wegesrand
steht und auf die Rückkehr ihres Liebsten
wartet. Heutzutage ist ihr Lebensraum
durch Straßenbau und Pestizide eingeengt,
sodass man sie immer seltener wild findet.
Ohne ihre hellblauen Blüten ist sie zudem
ziemlich unauffällig, denn ihre verzweigten
Stängel wirken dann wie abgestorben.

Die Wegwarte blüht nur bei vollem
Sonnenschein und auch nur in einer
Zeitspanne von 6 Uhr morgens bis 12 Uhr
mittags. In dieser Zeit ist sie über und
über mit blauen, 2,5 – 4 cm großen Blütenkörbchen übersät, die am Ende der Stängel und Ästchen sitzen. Dieses Schauspiel
wiederholt sich Tag für Tag und macht die

Wegwarte, auch als Zichorie, Sonnenwir-
bel, Hansel am Weg, Sonnenbraut oder
Wegeleuchte bekannt, so einzigartig.
Ihre grob gezähnten Grundblätter bilden
eine Rosette und erinnern an übergroße
Löwenzahnblätter. Die Wurzel ist wie bei
diesem eine kräftige Pfahlwurzel. Der Artname *intybus* (= Endivie) weist auf weitere
essbare Verwandte hin.

Was steckt drin?

Als Heilpflanze ist die Wegwarte heutzutage beinahe in Vergessenheit geraten,
obwohl sie schon im Altertum verwendet
wurde. Die Blätter enthalten Bitterstoffe,
Gerbstoffe, Vitamine, Mineralstoffe und in
den Wurzeln kommt Inulin dazu. Sie zählt
als sogenanntes *Tonikum amarum* zu den
Bitterstoffdrogen, die bei Appetitlosigkeit,
zur Förderung der Verdauung, bei Kopfschmerzen und als harn- und gallentrei-
bendes Mittel zum Einsatz kommen.
Anwendungsformen sind Tee, Tinktur und
Frischpflanzensaft.

ZUR TEEHERSTELLUNG 1 TL frisches Kraut mit ¼ l kaltem Wasser übergießen, zum Sieden bringen, 2 – 3 Minuten köcheln lassen, abgießen und 2 – 3 Tassen täglich trinken.

Ohne die blauen Blüten wäre die Wegwarte sehr unauffällig.

Ernten

Ab dem zeitigen Frühjahr können Sie die jungen, zarten Blätter der Wegwarte ernten. Mit zunehmender Größe werden die Blätter sehr bitter und werden daher nur noch gegart verwendet. Ernten Sie die Blüten vormittags und pflücken Sie die einzelnen Blütenblätter aus dem Körbchen. Ab September kann die Wurzel ausgegraben werden. Um die Wildbestände zu schonen ist es wichtig, die Wegwarte dafür im eigenen Garten anzubauen. Für die Küche wird die Pflanze frisch verwendet, zur Teeherstellung können Wurzel und Blätter auch getrocknet werden.

Kulinarisch

Die Wegwarte hat für die Kräuterküche einiges zu bieten. Die Blätter schmecken jung als Rohkost in Salat gut. Die älteren Blätter eignen sich als Wildgemüse in Spinat, Suppen und Soßen. Als farbige Dekoration streuen Sie die Blütenblätter

Natur- und Gartentipp

Als Wintersalat werden Kulturformen der Wegwarte wie Chicorée und Zuckerhut, Radicchio oder Endivie in vielen Gärten angebaut. Um die Wegwarte anzusiedeln, lässt man einfach einen der kultivierten Wintersalate vom letzten Jahr zum Blühen kommen. Es entwickelt sich wieder eine Wegwarte daraus und durch die Samen verselbstständigt sie sich. Wegen ihrer bizarren Wuchsform und der blauen Blüten ist sie eine Augenweide für jedes sonnige Staudenbeet und bringt auch in trockene Steingärten Farbe. Zur laufenden Ernte als Wildgemüse empfiehlt sich die Aussaat in Reihen im Gemüsegarten.

Die Wegwarte ist durch den Zichorienkaffee berühmt geworden. Für diese bitterstoffreiche Kaffeevariante werden ihre Wurzeln geröstet, gemahlen und wie Kaffee aufgebrüht (siehe Löwenzahn, Seite 83). Für Kinder eignet sich die Wegwarte als Blumenuhr und Wetterorakel: Nach dem Mittagessen und an Regentagen ist sie geschlossen! Für einen Blumenstrauß taugt sie deshalb nicht.

Blütenlikör

über Salate oder mischen sie in Kräuterquark und Blütenbutter. Die Wurzeln
werden wie Kaffee geröstet oder als
Gemüse zubereitet. Als Magenbitter lassen sich Wurzeln und Blätter in Alkohol
ansetzen.

Wegwarte-Magenbitter
**Ein bis zwei Wegwartenwurzeln,
¾ l Doppelkorn (36 Vol.-%)**
Die Wurzeln waschen, in eine Flasche
mit großer Öffnung geben und mit dem
Schnaps übergießen. Die Wurzeln sollten
nicht aus dem Alkohol herausragen, da sie
sonst schimmeln können. Etwa 6 Wochen

bei Raumtemperatur stehen lassen,
abgießen und in eine dekorative Flasche
umfüllen.
TIPP: Alternativ können auch Löwenzahnwurzeln verwendet werden.

Blütenlikör
**1 Handvoll Blüten von Wegwarte, Rose,
Mädesüß und Rotklee, 50 g Kandiszucker, ¾ l Korn (32 Vol.-%)**
Blüten und Zucker in eine Flasche geben,
mit dem Alkohol übergießen und bei
Raumtemperatur 6 – 8 Wochen stehen
lassen, abfiltern und in einer dekorativen
Flasche nachreifen lassen.

Von links nach rechts: Lanzettliche Blätter mit parallel verlaufenden Blattnerven | unscheinbare Blütenähre mit „Heiligenschein" aus weißen Staubgefäßen | reifer Fruchtstand

HÖHE: 10 bis 40 cm
BLÜTEZEIT: April bis September

SAMMELKALENDER
BLÄTTER: März bis September ●
BLÜTEN: Mai bis August ●
SAMEN: August bis Oktober ●

Spitzwegerich
Plantago lanceolata

Kleine Pflanzenkunde

Der Spitzwegerich gehört zur Familie der Wegerichgewächse (Plantaginaceae) und wächst vorwiegend an Wegrändern und auf nicht überdüngten Wiesen. Auch unter den Namen Wegeblatt, Wundwegerich, Heilwegerich oder Rossrippe ist er bekannt. Typisch für den Spitzwegerich sind seine schmalen, lanzettlichen Blätter mit den parallel verlaufenden Blattnerven, die aus einer Rosette entspringen. Die Pflanze hat einen blattlosen, kantig gerillten Stängel, an dessen Ende eine kleine Blütenähre sitzt. Mit weißen, zierlichen Staubgefäßen wird diese unscheinbare Blütenähre wie mit einem Heiligenschein umgrenzt und durch diesen erst richtig sichtbar gemacht.

Die altgermanische Bezeichnung Wegerich im Sinne von „der König des Weges" weist auf seine Vormachtstellung an Wegen hin. Der Gattungsname *Plantago* setzt sich aus *planta* (= Fußsohle, Pflanze) und *agere* (= gehen) zusammen. Damit wird ausgedrückt, dass Wegerichgewächse ständig unterwegs sind.

Tatsächlich bleiben die klebrigen Samen in feuchtem Zustand an Tieren und Menschen haften und werden so von diesen zu neuen Standorten transportiert.

Dem eher unscheinbaren Spitzwegerich sieht man sein hohes Ansehen als eine der ältesten Heilpflanzen nicht an. Er wurde schon in der Antike als Wundheilmittel und bei Bissen von Tieren beschrieben. Heutzutage ist er beinahe weltweit verbreitet, was er vorwiegend dem Menschen zu verdanken hat. Auch der Breitwegerich (*Plantago major*) ist weitverbreitet und kann verwendet werden.

Was steckt drin?

In der Volksheilkunde wird Spitzwegerich aufgrund seiner Schleimstoffe, Bitterstoffe, Gerbstoffe, Kieselsäure und des Glykosids Aucubin bei Atemwegserkrankungen wie Reizhusten, Bronchitis und Entzündungen im Mund- und Rachenraum verwendet. Er kommt als Frischpflanzensaft, Tee, Tinktur und Sirup zur Anwendung.

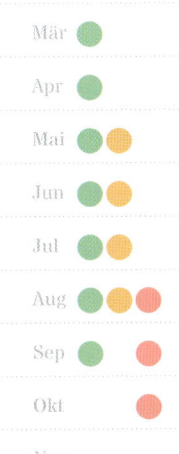

Jan
Feb
Mär ●
Apr ●
Mai ● ●
Jun ● ●
Jul ● ●
Aug ● ● ●
Sep ●   ●
Okt   ●
Nov
Dez

Natur- und Gartentipp

In einer naturnahen Blumenwiese gehört der Spitzwegerich einfach zum Sortiment. Er sieht schön aus und nebenbei wächst ein besonderes Heil- und Küchenkraut direkt vor der Haustür. Spitzwegerich siedelt sich meist von selbst an. Sie können ihn aber auch aussäen, wenn Sie im Spätsommer die Samen gesammelt haben.

Spitzwegerich wächst überall.

Äußerlich kommt Spitzwegerich bei schlecht heilenden Wunden, Insektenstichen, Juckreiz, Schwellungen sowie bei Brennnesselquaddeln und Pickeln zum Einsatz. Dazu wird ein sauberes Blatt zwischen den Fingern zerdrückt und die betroffene Stelle mit dem austretenden Saft betupft. Der Juckreiz verschwindet und die Haut verheilt meist schnell und ohne Narbenbildung. Ein „Wiesenpflaster" also für unterwegs, das sich gerade auch bei Kindern vielfach bewährt hat.

ZUR TEEHERSTELLUNG 1 – 2 TL getrocknete Spitzwegerichblätter mit ¼ l kochendem Wasser übergießen, 15 Minuten ziehen lassen, abseihen und 2- bis 3-mal täglich 1 Tasse trinken.

Ernten

Die frischen Blätter können jederzeit abgepflückt werden. Da sie sehr schnell nachwachsen, hat man Spitzwegerich vom Frühjahr bis in den Herbst hinein laufend frisch zur Hand. Zum Trocknen als Wintervorrat legen Sie die Blätter einzeln nebeneinander aus. Auf keinen Fall sollten sie unter starker Hitzeeinwirkung oder bei feuchter Witterung getrocknet werden, sonst verfärben sich die Blätter schwarz und sind wertlos. Die Knospenstände ernten Sie, wenn noch kein Kranz aus Staubfäden zu sehen ist, die Samen sammeln Sie, wenn die Fruchtstände reif sind.

Kulinarisch

In der Küche ist der nach Champignon schmeckende Spitzwegerich eine Delikatesse. Die Blätter werden zu Suppen, Kräuterquark, Salat und Wildgemüse verarbeitet. Die Blütenstände können zu Mixed Pickles sauer eingelegt werden. Die Samen dienen als Würze in Gemüsegerichten, können in Öl eingelegt oder im Brot mit anderen Gewürzen wie Kümmel oder Fenchel mitgebacken werden. Frisch von der Wiese, wie ein Maiskolben abgeknabbert, erinnern die reifen Fruchtstände an einen Müsliriegel.

Wilde Blätter aus einer Pfanne

Blätter von Spitzwegerich, Löwenzahn, Knoblauchsrauke und Brennnessel sammeln, waschen und trockentupfen. In einer Pfanne mit einem guten Öl kurz kross anbraten. Mit etwas Kräutersalz nach Geschmack abschmecken.

TIPP: Diese Wiesenmischung passt gut als grüner Farbtupfer zu Kartoffel- und Nudelgerichten.

Pilzige Spitzwegerich-
suppe

Pilzige Spitzwegerichsuppe

**1 Handvoll Spitzwegerichblätter,
¾ l Gemüsebrühe, 2 gehäufte TL Kartoffelstärke, ¼ l Sahne oder Milch, Salz,
Pfeffer und Muskat**

Die Blätter waschen, fein schneiden und
in der Gemüsebrühe 15 Minuten sanft
köcheln lassen. Dabei entwickelt sich
der feine Pilzgeschmack des Spitzwegerichs. Zum Andicken die Kartoffelstärke
in kaltem Wasser anrühren, in die Suppe
einrühren und kurz aufkochen lassen.
Die Suppe mit Sahne und den Gewürzen
abschmecken, pürieren und mit Gänseblümchen dekoriert servieren.

TIPP: Kann auch unpüriert serviert
werden, die Spitzwegerichstreifen bleiben
dann sichtbar.

Spitzwegerichsirup

**2 Handvoll Spitzwegerichblätter,
1,5 l Wasser, 1 kg Zucker, 2 Zitronen**

Wasser und Zucker aufkochen und
15 Minuten mit offenem Deckel einköcheln lassen. Die klein geschnittenen Blätter in die abgekühlte Zuckerlösung geben.
24 Stunden ziehen lassen, dann durch ein
Sieb abgießen und mit dem Zitronensaft
vermischt in sterilisierte Flaschen füllen.

TIPP: Spitzwegerichsirup kann auch
mit Honig angesetzt werden. Dafür im
Wechsel klein geschnittene Spitzwegerichblätter und Honig in ein Glas schichten,
enden mit Honig. Den Sirup 8 – 12 Wochen
ausziehen lassen, dann abseihen.
Spitzwegerichsirup sollte für Erkältungs-
zeiten vorrätig sein.

HÖHE: 30 bis 60 cm
BLÜTEZEIT: Mai bis August

SAMMELKALENDER
BLÄTTER: Februar bis Oktober
BLÜTEN: Mai bis Juni

Von links nach rechts: Unpaarig gefiederte Blätter mit gezähntem Rand | 1–2 cm großes Blütenköpfchen | aufblühendes Blütenköpfchen mit oben weiblichen, in der Mitte zwittrigen und unten männlichen Blüten

Kleiner Wiesenknopf

Sanguisorba minor

Kleine Pflanzenkunde

Den Kleinen Wiesenknopf kennen die meisten aus dem Kräutergarten unter dem Namen Pimpinelle. Das weitverbreitete Wildkraut gehört zu den Rosengewächsen (Rosaceae) und wächst auf wenig gedüngten Wiesen, an Wegrainen und in Trockenrasen.

Seine Grundblätter wachsen in einer Rosette, aus deren Mitte sich ein aufrechter, wenig verzweigter Stängel emporreckt. Jedes, als unpaarig gefiedert bezeichnete Blatt setzt sich aus vier bis sieben gezähnten Blattpaaren und einem gleichgroßen Endblättchen zusammen. Eindeutig zuzuordnen ist der Wiesenknopf zur Blütezeit durch seine markanten, 1–2 cm großen, roten Blütenköpfchen, bestehend aus zahlreichen dicht an dicht stehenden Einzelblüten. Interessant ist dabei, dass sich die Blüten in den Köpfchen voneinander unterscheiden, ja sogar zu unterschiedlichen Zeiten blühen. Ganz oben präsentieren sich die weiblichen

Blüten, dazwischen zwittrige und unten männliche Blüten.

Der Gattungsname *Sanguisorba* setzt sich aus *sanguis* (= Blut) und *sorbere* (= aufsaugen) zusammen, ein Hinweis auf die heilkundliche Verwendung des Wiesenknopfs bei Wunden. Der Artname *minor* (= klein) unterscheidet ihn vom wesentlich größeren und bittereren Großen Wiesenknopf (*Sanguisorba officinalis*). Beide können sowohl als Heilpflanze wie auch als Küchenkraut verwendet werden.

Was steckt drin?

In der Volksheilkunde wird Wiesenknopf wegen seiner Gerbstoffe, Flavonoide und Saponine bei Verdauungsbeschwerden und als harntreibendes und appetitanregendes Mittel verwendet. Äußerlich wird er zur Wundheilung, bei Verbrennungen, Sonnenbrand und zum Gurgeln bei Entzündungen im Mund- und Rachenraum eingesetzt. Als Vitamin-C-Lieferant stärkt

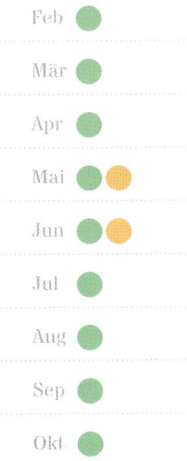

Jan
Feb
Mär
Apr
Mai
Jun
Jul
Aug
Sep
Okt
Nov
Dez

er das Immunsystem und ist hilfreich bei Frühjahrsmüdigkeit.

ZUR TEEHERSTELLUNG 1–2 TL frische Blätter mit ¼ l kochendem Wasser übergießen, 10 Minuten ziehen lassen, abseihen. 2 Tassen täglich trinken oder äußerlich als Wundauflage oder zum Gurgeln einsetzten.

Die knospigen Blüten-köpfchen schmecken herb.

Ernten

Die klassische Erntezeit des Wiesenknopfs beginnt im Februar. Dann schmecken die jungen, noch eingerollten Blättchen am besten. Die Triebspitzen und knospigen Blütenstände sind im Geschmack herber und können je nach Vorliebe auch verwendet werden. Sobald die Blattstängel hart sind, werden die Einzelblättchen zur Verwendung von ihm abgestreift.

Kulinarisch

Der Kleine Wiesenknopf ist wegen seines kräftigen, gurkenähnlichen Geschmacks ein beliebtes Küchenkraut. Die Blätter werden als Brotbelag, Salatbeigabe, in Smoothies, zu Kartoffelsalat, Eierspeisen, in Kräuterbutter, Zaziki und für Wildkräutersuppen verwendet. Die Triebspitzen und knospigen Blütenstände können in Fruchtsaft, Essig oder Öl eingelegt oder zu Spinat verwendet werden. Der Kleine Wiesenknopf ist fester Bestandteil der Frankfurter Grünen Soße.

Natur- und Gartentipp

Der attraktive Kleine Wiesenknopf mit seinen zarten Blättchen und den roten Blütenköpfen sollte in keinem Kräutergarten fehlen. Für Kinder sind seine auch als „Blutströpfchen" bezeichneten Blüten eine beliebte Spielpflanze. Meist stellt er sich von selbst ein, ist pflegeleicht und verbreitet sich munter weiter. Sie können ihn aber auch im März/April direkt ins Freiland an einen sonnigen Standort aussäen. Ein späteres Umsetzen der Pflanzen ist nicht erforderlich. Regelmäßiges Ernten regt die Blattbildung an. Wenn Sie die Pflanzen im Sommer kräftig zurückschneiden, können Sie im Herbst nochmal ernten. In milden Wintern bleiben die Blätter des Kleinen Wiesenknopfes grün und können beinahe ganzjährig verwendet werden.

Kartoffelsalat mit Wildkräutern

FÜR DEN SALAT: 2 Handvoll Wildkräuter wie Kleiner Wiesenknopf, Knoblauchsrauke, Brunnenkresse, Bärlauch, Wiesen-Schaumkraut oder Löwenzahn, 5 mittelgroße gekochte Kartoffeln, etwas Gemüsebrühe

FÜR DIE MARINADE: Olivenöl, Senf, Salz, Pfeffer und Essig

Die gekochten Kartoffeln schälen und in feine Scheiben schneiden. Gewa-

Grüne Soße

schene Kräuter fein hacken und mit den Kartoffeln vermischen. Den Salat mit etwas Gemüsebrühe und der Marinade anmachen, etwas ziehen lassen und dann nochmals abschmecken.

TIPP: Schmeckt gut zu Wildkräutermaultaschen.

Wildkräuterspätzle

1 Handvoll Wildkräuter wie Wiesenknopf, Knoblauchsrauke, Bärlauch, Brennnessel, Vogelmiere oder Wilder Majoran, 300 g Mehl, 2 Eier, etwa ¼ l Wasser, Salz

Die gewaschenen Wildkräuter sehr fein hacken oder pürieren. Mit allen weiteren Zutaten zu einem glatten Teig verrühren und 10 Minuten ruhen lassen. Reichlich Salzwasser zum Kochen bringen. Den Teig von einem feuchten Brett geschabt oder durch eine Spätzlepresse gedrückt ins sprudelnd kochende Wasser geben. Kurz aufkochen lassen, bis die Spätzle an die Oberfläche steigen. In kaltem Wasser abschrecken.

TIPP: Mit Butter abschmelzen und zu einem Wildkräutersalat servieren.

Grüne Soße

2 Handvoll Wildkräuter wie Kleiner Wiesenknopf, Löwenzahn, Brennnessel, Giersch, Knoblauchsrauke, Spitzwegerich, Sauerampfer, Schafgarbe oder Garten- Schaumkraut, 200 g saure Sahne oder Crème fraîche, 150 g Joghurt, etwas Sahne, 2 hart gekochte Eier, 1 Zwiebel, Kräutersalz, Pfeffer

Saure Sahne und Joghurt mit der Sahne cremig rühren. Die Wildkräuter waschen, trockenschleudern, fein hacken und mit dem grob gehackten Ei und der klein geschnittenen Zwiebel unter die Soße heben. Mit den Gewürzen kräftig abschmecken und mit Blüten dekoriert servieren.

TIPP: Passt prima zu Pellkartoffeln. Das Rezept kann mit Gartenkräutern wie Dill, Estragon, Kerbel, Petersilie oder Schnittlauch kombiniert werden.

Von links nach rechts: Grob gezähnte Blätter | Brennhaare an
Stängeln und Blättern | Blüten einer männlichen Pflanze |
Blüten einer weiblichen Pflanze | Früchte einer weiblichen
Pflanze

HÖHE: 60 bis 150 cm
BLÜTEZEIT: Juni bis Oktober

SAMMELKALENDER
BLÄTTER: März bis November
FRÜCHTE: Juli bis Oktober

Große Brennnessel
Urtica dioica

Kleine Pflanzenkunde

Die Brennnessel, ein Vertreter aus der
Familie der Brennnesselgewächse (Urtica-
ceae), sucht die Nähe des Menschen und
wächst mit Vorliebe in Gärten, entlang
von Zäunen und Hecken, an Wegrändern
und auf Schuttplätzen. Sie gilt als Zeiger-
pflanze für hohen Stickstoffeintrag.

Markant ist ihr aufrechter, kantiger
Stängel mit den spitzen, grob gezähnten
Blättern. Ihre Stängel und Blätter sind mit
zahlreichen Brennhaaren übersät. Diese
Brennhaare sind hart und spröde wie Glas
und brechen bei Kontakt ab. Es entsteht
eine scharfe Bruchstelle, ähnlich der
Kanüle einer Spritze, die die Haut an der
Oberfläche anritzt. Diese kleine Wunde
kommt dann in Berührung mit dem soge-
nannten Nesselgift, einer Mischung aus
Histamin und Ameisensäure, und es ent-
stehen kleine Quaddeln, die jucken und
brennen. Bei der „Verbrennung" durch die
Nesseln hilft der Saft des Spitzwegerichs.
Einfach ein sauberes Blatt zwischen den

Fingern zerreiben und den austretenden
Saft auf die Quaddeln tupfen.

Die Große Brennnessel ist zweihäusig,
das heißt männliche und weibliche Blüten
kommen auf verschiedenen Pflanzen vor.
Die männliche Brennnesselpflanze hat
abstehende Blütenrispen, die bei Reife ihre
Pollen weit in die Luft schleudern. Vom
Wind getragen bestäuben diese Blüten-
pollen die weiblichen Pflanzen. Diese sind
gut an ihren hängenden Blütenrispen
zu erkennen. Die Früchte der weiblichen
Brennnesselpflanze werden Nüsschen
genannt und damit bepackt steht sie ab
Juli / August am Wegesrand.

Was steckt drin?

Die Brennnessel ist eine der ältesten
Heilpflanzen, die durch die Vielzahl ihrer
Inhaltsstoffe, wie Vitamine, Mineralstoffe,
Spurenelemente, Flavonoide, Kieselsäure
und Gerbstoffe, den gesamten Stoff-
wechsel anregt und das Immunsystem
stärkt. Sie wirkt entzündungshemmend,

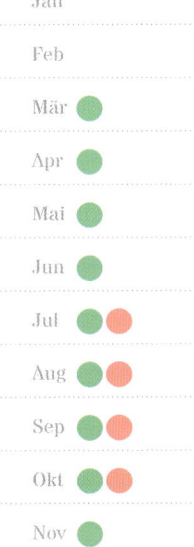

Jan

Feb

Mär ●

Apr ●

Mai ●

Jun ●

Jul ● ●

Aug ● ●

Sep ● ●

Okt ● ●

Nov ●

Dez

Natur- und Gartentipp

Für die Raupen von zahlreichen Schmetterlingsarten, vom Kleinen Fuchs und Tagpfauenauge, bis zum Landkärtchen, ist die Brennnessel eine wichtige Futterpflanze. Zur Bereicherung des Gartens kann man eine Schmetterlingsweide wachsen lassen. Empfehlenswert ist eine schlecht zugängliche Stelle, an der sich Brennnesseln ungestört ausbreiten dürfen.

Im biologischen Gartenbau finden die Brennnesseln vielfältig Verwendung. Mit klein geschnittenem Brennnesselkraut lässt sich der Gartenboden mulchen. Die sich langsam zersetzenden Blätter verhindern die Austrocknung des Bodens und dienen gleichzeitig der Humusanreicherung. Ein Kaltwasserauszug, 24 Stunden mit Brennnesseln angesetzt, ist ein hervorragendes Pflanzenstärkungsmittel. Es ist bei Läusebefall, beispielsweise an Rosen, als biologisches Spritzmittel, sehr wirksam.

Brennnesseln stehen im zeitigen Frühjahr als Wildgemüse bereit.

harntreibend, adstringierend, schmerzlindernd und wird unter anderem bei rheumatischen Beschwerden, Arthrose, Hauterkrankungen und Harnwegsinfekten eingesetzt. In der Volksheilkunde kommt sie als Tee, Tinktur oder Frischpflanzenpresssaft zum Einsatz.

ZUR TEEHERSTELLUNG 2 gehäufte TL frische oder 1 TL getrocknete Brennnesselblätter mit ¼ l kochendem Wasser übergießen, 5–7 Minuten ziehen lassen, abseihen und 3- bis 4-mal täglich 1 Tasse trinken, jedoch nicht länger als 3–4 Wochen.

Vielfältige Nutzung

Nicht nur als Heilpflanze, sondern auch in anderen Bereichen weiß man die Brenn-

nessel zu schätzen. Nesseltuch und Stricke aus Brennnesselfasern gab es schon vor Jahrtausenden. Verstärkt eingesetzt wurde Nesselstoff im Zweiten Weltkrieg für die Armeebekleidung, als Antwort auf die Knappheit der Baumwolle. Diese Idee wird heutzutage aus ökologischen Gründen wiederbelebt. Lange Zeit fand die Brennnesselwurzel auch ihre Verwendung als Färberpflanze, da sie Wolle und Stoffe leicht gelb färbt.

Für größere Gärten und bei toleranten Nachbarn kann aus den Brennnesseln eine Jauche angesetzt werden. Diese riecht sehr unangenehm, hat jedoch eine starke Düngewirkung, da sie Stickstoff und Spurenelemente aus den Brennnesseln herauslöst. Dazu die klein geschnittenen Brennnesseln in ein Fass geben, mit Wasser übergießen und zudecken. Die Mischung fängt in der Sonne stehend schnell an zu gären. Bis zur kompletten Vergärung öfter Umrühren. Die Jauche wird nach 2–3 Wochen in einer 1 : 10-Verdünnung an die Wurzeln von stark zehrenden Gartenpflanzen gegossen. Ihr Gestank kann mit etwas untergerührtem Steinmehl und durch Ausbringung bei Regenwetter abgeschwächt werden. Als Alternative zur Jauche können klein geschnittene Brennnesseln, z. B. beim Setzen von Tomaten, in das Pflanzloch gegeben werden.

Ernten

Wenn die Brennnessel immer wieder abgeschnitten wird, wächst sie laufend nach. So können zarte Blätter und Triebspitzen beinahe das ganze Jahr über geerntet werden. Bei älteren Pflanzen verwenden Sie am besten nur die oberen 4–6 Blätter. Entweder Sie verarbeiten die Brennnes-

selblätter frisch oder Sie trocknen sie
für Teezubereitung und Kräutersalz. Die
dunkelgrünen, reifen Früchte können Sie
entweder frisch verwenden oder für den
Wintervorrat ebenfalls trocknen.

Kulinarisch

Die zarten Triebspitzen der Brennnesseln
können zu Spinat, Suppen, Pfannkuchen,
Omelette und Wildgemüse verarbeitet
werden. Die Früchte werden als Brotbelag
geröstet, roh übers Müsli gestreut oder als
Würze auf Ofenkartoffeln, Nudelpfannen
und Gemüsegerichten verwendet. Möchten Sie die Brennnesselblätter roh, etwa
in einem Salat verwenden, müssen Sie
die Brennhaare entschärfen. Am besten
zerdrücken Sie die Blätter zwischen zwei
Brettchen oder rollen mit einem Nudel-
holz darüber.

Brennnesselkaviar

Die reifen Früchte können direkt von
der Brennnessel gestreift aufgegessen
werden. Das ist eine leckere Knabberei,
die mit einem Schluck Wasser nachge-
spült werden sollte.
Als kulinarischer Höhepunkt werden die
Brennnesselfrüchte in etwas Öl kross
angebraten, mit Kräutersalz und Knoblauch abgeschmeckt und als Brotbelag
serviert.
TIPP: Serviert in leuchtend gelben
Nachtkerzenkelchen oder Kapuzinerkres-
seblüten werden sie zum Hingucker der
besonderen Art.

Brennnesselsuppe

**200 g Brennnesselblätter, 1 Zwiebel,
2 Karotten, 1 Kartoffel, ¾ l Gemüsebrühe, Salz, Pfeffer, etwas Sahne**
Gewaschenes und geputztes Gemüse
klein schneiden, in etwas Öl andünsten,
mit der Brühe ablöschen und weich
kochen. Die gewaschenen und klein
geschnittenen Brennnesselblätter in
die Suppe geben, aufkochen lassen und
dann mit dem Pürierstab mixen. Mit
den Gewürzen und einem Schuss Sahne
abschmecken.
TIPP: Mit Gänseblümchen dekorieren.

Von links nach rechts: Gebuchtete, behaarte Blätter | rechtswindende Ranke | weibliche Blüte | reife Zapfen

HÖHE: bis zu 6 m
BLÜTEZEIT: Juli bis August

SAMMELKALENDER
BLÄTTER UND TRIEBE: April bis Mai ●
HOPFENZAPFEN: August bis ●
September

Hopfen
Humulus lupulus

Kleine Pflanzenkunde

Der Hopfen ist eine Schlingpflanze aus der Familie der Hanfgewächse (Cannabaceae). Er wächst in wärmeren Gegenden auf tiefgründigen, nährstoffreichen Böden in Auwäldern, an Waldrändern und in Hecken.

Hopfen wächst jedes Jahr neu aus einem immer größer werdenden Wurzelstock. Mit seinen rechtswindenden Trieben, die übersät sind mit Widerhaken, und seinen tief eingebuchteten, behaarten Blättern, durchwebt er ganze Gebüschsäume. Der Artname *lupulus* ist die Verkleinerungsform von *lupus* (= Wolf). Er bezieht sich auf seine Fähigkeit, sich an anderen Pflanzen festzuklammern, damit er an ihnen hochwachsen kann. Seine lichtgrünen Hopfenzapfen reifen im September und verströmen einen bittersüßen, würzigen Duft. Hopfen ist zweihäusig, das bedeutet, dass nur die weibliche Pflanze die zapfenförmigen Fruchtstände (Ähren) bildet, die im Hopfenanbau auch als „Hopfendolden" bezeichnet werden. Die

männliche Pflanze hat unscheinbare, grünliche, kleine Blüten. Das Brauwesen hat an männlichen Pflanzen kein Interesse. Eine Befruchtung durch den Pollen männlicher Pflanzen verringert den Ertrag an Bierwürze und verkürzt die Dauer der Erntezeit.

„Hopfen und Malz, Gott erhalt's!"

Zur Bierherstellung wird der Hopfen seit dem 9. Jahrhundert verwendet. Anfänglich wurde er nur in den Hopfengärten der Klöster kultiviert. Dabei spielte seine beruhigende Wirkung eine wichtige Rolle. Der Hopfen wurde in der Fastenspeise der Mönche und im Bier als Anaphrodisiakum eingesetzt. Heutzutage wird Hopfenanbau großtechnisch in Gerüstanlagen betrieben. Die wichtigsten deutschen Hopfenanbaugebiete sind in Bayern die Hallertau und in Baden-Württemberg die Region zwischen Tettnang und Ravensburg.

Beim Brauen ist der Hopfen für den bitteren Geschmack der Biere verantwortlich

Jan

Feb

Mär

Apr ●

Mai ●

Jun

Jul

Aug ●

Sep ●

Okt

Nov

Dez

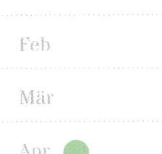

Die Hopfenzapfen reifen in der Spätsommersonne.

und dient der Haltbarmachung. Früher war es üblich, dass sich jeder sein eigenes Bier braute. Es kam vor, dass die Zutaten aus Unwissenheit nicht im richtigen Mengenverhältnis zueinander verwendet wurden. Wenn dann das Bier sauer wurde war sprichwörtlich „Hopfen und Malz verloren".

Was steckt drin?

Für die arzneiliche Nutzung sind ebenfalls die weiblichen Hopfenzapfen mit ihren Hopfenbitterstoffen und Harzsubstanzen Humulon und Lupulon, den Gerbstoffen und den ätherischen Ölen von Bedeutung. Diese Zapfen werden in der Volksheilkunde als mildes Beruhigungsmittel bei Einschlafproblemen, zur Anregung der Magensaftsekretion und bei Verdauungsstörungen eingesetzt. Zur Anwendung kommen sie in Form von Tinktur, Pulver und Tee.

ZUR TEEHERSTELLUNG 2 gehäufte TL getrocknete Hopfenzapfen mit ¼ l kochendem Wasser übergießen, 15 Minuten ziehen lassen, abseihen und ½ Stunde vor dem Zubettgehen als Schlaftrunk genießen.

Als Phytohormone wirken die im Hopfen enthaltenen Flavonoide. Dies sind sekundäre Pflanzeninhaltsstoffe, die eine hormonelle Wirkung auf den menschlichen Organismus, ähnlich wie körpereigene Östrogene, ausüben. Sie können einen milden Ersatz für verringerte, körpereigene Hormone darstellen und greifen so regulierend bei Hormonstörungen, vor allem im Zusammenhang mit klimakterischen Beschwerden, ein. Eine Absprache mit dem Arzt ist hier wichtig.

Ernten

Im Frühling werden die jungen Hopfensprosse (Maitriebe) und zarten Blätter geerntet. Die Hopfenzapfen erntet man im Spätsommer, kurz bevor sie völlig ausgereift sind. Die einzelnen Schuppen sind mit Harzdrüsen besetzt. Beim Trocknen der Zapfen fallen diese ab und können als grüngelbes, klebriges Pulver gewonnen werden. Damit nichts davon verloren geht, werden die Zapfen deshalb zum Trocknen auf einem Tuch ausgelegt. Die Hopfenzapfen sollten nicht länger als 1 Jahr gelagert werden, da die Inhaltsstoffe leicht flüchtig sind.

Natur- und Gartentipp

Hopfen ist eine attraktive Kletterpflanze um Schuppen, Balkone und Geländer zu begrünen. Um gen Himmel zu wachsen, braucht er allerdings ein Gerüst, Stangen oder Drähte, an denen er sich festhalten kann. Nach der Zapfenernte lassen sich aus den langen Hopfenreben im Herbst dekorative Kränze winden. Dazu legt man die Triebe zu einem Kranz der gewünschten Stärke umeinander und umwickelt sie mit sich selbst oder anderen Zweigen. An der Pflanze belassen sind die Hopfenzapfen bis in den Winter hinein eine Zierde, wenn das Laub schon vertrocknet ist. Einen Ansturm vonseiten der Vögel auf die Zapfen braucht man nicht zu befürchten – die Inhaltsstoffe der Zapfen sind ihnen einfach zu bitter.

Kulinarisch

Die jungen Hopfensprossen sind eine besondere Gaumenfreude und lassen

Zapfenlikör

sich wie Spargel zubereiten. Die zarten Blätter finden ihre Verwendung in Rühreiern, Gemüsegerichten, Salaten oder im Ausbackteig. Den Höhepunkt der Ernte bilden die weiblichen Zapfen. Sie können zu Teegetränken, Kräutersalz, Kräuterlikör, Magenbitter oder Kräuterwein verarbeitet werden.

Kräuterkissen für einen ruhigen Schlaf

Um in den Genuss der beruhigenden Wirkung des Hopfens zu kommen, lässt sich ein Kräuterkissen herstellen. Dazu füllen Sie verschiedene getrocknete Kräuter wie Hopfenzapfen, Lavendel, Minze oder Melisse in ein Kissen, das Sie neben das Kopfkissen legen.
TIPP: So ein Schlafkissen eignet sich auch als besonderes Geschenk.

Zapfenlikör

20 grüne, noch weiche Hopfenzapfen, 100 g Kandis, 1 l Korn (32 Vol.-%)
Die Zapfen mit einem Messer einritzen, mit dem Kandis in eine Flasche geben und mit dem Schnaps übergossen gut verschlossen 6 Monate ziehen lassen. Danach abfiltern und einige Wochen nachreifen lassen. Schmeckt trotz des Zuckers herb-bitter.
TIPP: Einige Zapfen zur Dekoration in der Flasche belassen.

Hopfensprossen

Die 10 cm langen Maitriebe des Hopfens in Wasser mit etwas Salz und Zucker köcheln, bis sie weich sind. Sie werden wie Spargel mit etwas Butter, einer grünen Soße oder einer Sauce Hollandaise übergossen serviert.

Service

Sammelkalender

Welche Pflanzen wann zur Verfügung stehen, finden sie in dieser Sammelübersicht.
Welche Pflanzenteile verwendet werden, steht bei den einzelnen Porträts.

	Jan.	Feb.	März	April	Mai	Juni	Juli	Aug.	Sept.	Okt.	Nov.	Dez.
Bärlauch		●	●	●								
Bärwurz				●	●	●			●	●		
Brennnessel		●	●	●	●	●	●	●	●	●		
Dost						●	●	●	●			
Gänseblümchen			●	●	●	●	●	●	●	●	●	
Garten-Schaumkraut	●	●	●	●	●		●	●	●	●	●	●
Giersch			●	●	●	●	●	●	●			
Gundermann				●	●	●	●	●	●			
Holunder					●	●	●	●	●			
Hopfen					●	●	●					
Hundsrose (Hagebutte)						●	●	●	●	●		
Johanniskraut						●	●	●				
Knoblauchsrauke		●	●	●	●	●			●			
Königskerze							●	●				
Löwenzahn	●	●	●	●	●	●	●	●	●	●	●	
Mädesüß						●	●	●				
Nachtkerze						●	●	●	●			
Sauerampfer				●	●	●	●	●	●			
Schafgarbe						●	●	●	●			
Scharbockskraut		●	●	●								
Schlehe					●	●	●	●	●	●		
Spitzwegerich					●	●	●	●	●			
Taubnessel				●	●	●	●	●	●			
Vogelbeere								●	●	●		
Vogelmiere	●	●	●	●	●	●	●	●	●	●	●	●
Wegwarte							●	●				
Wiesen-Bärenklau				●	●	●						
Wiesenklee					●	●	●	●				
Wiesenknopf		●	●	●	●	●	●					
Wiesen-Labkraut						●	●	●	●	●		

Zum Weiterlesen

Bäumler, Siegfried: Heilpflanzenpraxis Heute. Urban & Fischer Verlag 2013

Beiser, Rudi: Heilpflanzen finden! Verlag Eugen Ulmer 2012

Beiser, Rudi: Tee aus Kräutern und Früchten. Kosmos Verlag 2015

Bühring, Ursel: Alles über Heilpflanzen. Verlag Eugen Ulmer 2014

Bühring, Ursel: Blütenküche. Verlag Eugen Ulmer 2015

Bühring, Ursel: Praxis-Lehrbuch Heilpflanzenkunde. Haug Verlag 2014

Burckhardt, Coco: Alles aus Wildpflanzen. Verlag Eugen Ulmer 2015

Burckhardt, Coco: Erste Hilfe mit frischen Wildpflanzen. Verlag Eugen Ulmer 2016

Dittmer, Diane: Wald- und Wiesenkochbuch. Gräfe und Unzer 2014

Fischer-Rizzi, Susanne: Wilde Küche. AT-Verlag 2010

Fleischhauer, Steffen: Enzyklopädie essbare Wildpflanzen. AT-Verlag 2013

Golte-Bechtle, Marianne, Spohn, Roland und Margot: Was blüht denn da? Kosmos Verlag 2015

Greiner, Karin: Meine Hausapotheke aus Wildpflanzen. Verlag Eugen Ulmer 2015

Greiner, Karin: Superfood heimische Wildpflanzen. Verlag Eugen Ulmer 2016

Kremer, Bruno P.: Essbare und giftige Wildpflanzen. Verlag Eugen Ulmer 2017

Kremer, Bruno P.: Steinbachs großer Pflanzenführer. Verlag Eugen Ulmer, 2016

Lüder, Rita und Frank: Wildpflanzen zum Genießen. Kreativpinsel Verlag 2011

Lüder, Rita: Grundkurs Pflanzenbestimmung. Quelle und Mayer 2015

Molenkamp, Felicia: Kräuter-Biotika. AT-Verlag 2015

Schneider, Christine: Wildkräuter finden. Verlag Eugen Ulmer 2017

Vogl, Margarete: Wildkräuter in der Vollwertküche. EMU Verlag 2014

Weiterführende Internetseiten

Weitere Informationen über Monika Wurft und Aktivitäten rund um Wildkräuter in Schiltach im Kinzigtal, der Heimat der Autorin, finden Sie unter www.monika-wurft.de
www.schiltach.de

Regionale Kräuterprodukte finden sie in der Kräutermanufaktur, einer Kooperation von qualifizierten Heilpflanzenfachfrauen, Natur- und Kräuterpädagoginnen: www.kräuterland-bw.de

In zwei großen Netzwerken ist die Autorin mit vielen Kolleginnen verbunden, die sich für Wildkräuter und ihre Wissensvermittlung einsetzen. Schauen Sie einfach vorbei!

Kräuterpädagogen Baden-Württemberg e. V. www.kräuterpädagogen-Baden-Württemberg.de

Bauerngarten- und Wildkräuterland Baden e. V. www.kraeuter-regio.de

Schnell nachgeschlagen

Bildquellen

Die Fotos, auch die Fotos auf Umschlag und Klappen, stammen von der Autorin mit Ausnahme der folgenden:

Bellmann, Heiko/Frank Hecker: S. 96 großes Bild
Bildagentur Zoonar GmbH/Shutterstock.com: S. 42
botanikfoto/Steffen Hauser: S. 37 großes Bild
Hecker, Frank: S. 40 großes Bild, S. 44 großes Bild
mauritius images: S. 16 kleines Bild 2.v.l., S. 18, S. 74 großes Bild
Zoonar/Joerg Hemmer: S. 16 großes Bild

Impressum

Haftungsausschluss

Die in diesem Buch enthaltenen Empfehlungen und Angaben sind von der Autorin mit größter Sorgfalt zusammengestellt und geprüft worden. Eine Garantie für die Richtigkeit der Angaben kann aber nicht gegeben werden. Autorin und Verlag übernehmen keinerlei Haftung für Schäden und Unfälle.

Bibliografische Information der Deutschen Nationalbibliothek

Die Deutsche Nationalbibliothek verzeichnet diese Publikation in der Deutschen National-bibliografie; detaillierte bibliografische Daten sind im Internet über http://dnb.d-nb.de abrufbar.

© 2017 Eugen Ulmer KG
Wollgrasweg 41, 70599 Stuttgart (Hohenheim)
E-Mail: info@ulmer.de
Internet: www.ulmer-verlag.de
Lektorat: Ina Vetter, Sabine Drobik
Herstellung: Martina Gronau
Umschlagentwurf, Innenlayout und dtp: red.sign GbR, Stuttgart, Anette Vogt
Reproduktion: timeRay Visualsierungen, Herrenberg
Druck und Bindung: Westermann Druck, Zwickau
Printed in Germany

ISBN 978-3-8001-0858-9

Rezepte für
alle Lebenslagen

- Über 100 Pflanzen mit Rezepturen und Anleitungen

- Von der Salbe bis zum Liebeszauber

Alles aus Wildpflanzen.
Kochen und konservieren, heilen und vorbeugen, waschen und färben, räuchern und zaubern. Coco Burckhardt. 2., erw. und akt. Auflage 2015. 310 Seiten, 241 Zeichnungen, 33 Farbfotos, 5 Tabellen, geb. ISBN 978-3-8001-1266-1.

Aus unseren Wildpflanzen lässt sich alles machen, was Sie brauchen: von der Vorspeise bis zum Dessert, vom Kinder-Hustensaft bis zum Schlafmittel für die Wechseljahre, vom Kerzendocht bis zur Tinte und auch ein pflanzlicher Wetteranzeiger kann in gewissen Situationen hilfreich sein. Seit über 20 Jahren sammelt und erprobt die Autorin alte und neue Verwendungsweisen und stellt sie in diesem Werk vor. Zu über 100 Kräutern, Sträuchern und Bäumen gibt sie zudem wertvolle Informationen wie Erntezeitpunkt, Verwechslungsmöglichkeiten oder Standort. Dabei kommt spannendes Wissen über Pflanzennamen, alte Bräuche oder Sagen nicht zu kurz.

Ulmer **Ganz nah dran.**